高校研究生思想政治理论课系列教材

ZIRAN BIANZHENGFA GAILUN

自然辩证法概论

（第二版）

吴　炜　程本学　李　珍◎编著

中山大學出版社
SUN YAT-SEN UNIVERSITY PRESS
·广州·

图书在版编目（CIP）数据

自然辩证法概论/吴炜，程本学，李珍编著．—2版．—广州：中山大学出版社，2019.8
（高校研究生思想政治理论课系列教材）
ISBN 978－7－306－06654－1

Ⅰ．①自…　Ⅱ．①吴…　②程…　③李…　Ⅲ．①自然辩证法—研究生—教材　Ⅳ．①N031

中国版本图书馆CIP数据核字（2019）第135994号

出 版 人：王天琪
策划编辑：邹岚萍
责任编辑：邹岚萍
封面设计：曾　斌
责任校对：杨文泉
责任技编：何雅涛
出版发行：中山大学出版社
电　　话：编辑部 020－84111996，84113349，84111997，84110779
　　　　　发行部 020－84111998，84111981，84111160
地　　址：广州市新港西路135号
邮　　编：510275　　　　传　真：020－84036565
网　　址：http://www.zsup.com.cn　　E-mail：zdcbs@mail.sysu.edu.cn
印 刷 者：广州一龙印刷有限公司
规　　格：787mm×1092mm　1/16　11.75印张　202千字
版次印次：2015年10月第1版　2019年8月第2版　2021年11月第5次印刷
印　　数：7001～10000册　　定　　价：30.00元

内 容 提 要

本书除绪论外，共分四章，另外，在每章最后还附有与本章内容相关的“问题讨论”。绪论简单介绍自然辩证法的学科性质、研究内容和历史发展。第一章马克思主义自然观，力图说明马克思主义自然观是在古代朴素唯物主义自然观、近代机械唯物主义自然观的基础上创立的，其核心是辩证唯物主义自然观，它在当代的发展是系统自然观、人工自然观和生态自然观。第二章科学究竟是什么，讨论科学的概念和特征、科学活动的基本规范、科学与非科学的划界、科学发展的内在矛盾和科学发展的模式以及动力等内容。第三章科学思维的艺术，讲述的是马克思主义的科学方法论，主要涉及科学研究过程中的一个非常基本、非常重要的问题——科学事实、科学观察与科学理论的关系，以及科学研究与科学理论创立中的一些基本的方法，如演绎、归纳与批判性思维、类比、溯因与创造性思维等方法。第四章科学技术与社会发展，主要论述近代科学技术自产生以来对人类社会发展的促进作用，包括推动人类物质文明的发展、推动人类精神文明进步和促进社会结构的变革等。

本书适合高等院校研究生思想政治理论课教材使用。

第二版说明

《自然辩证法概论》自2015年出版以来，以其篇幅合理、内容精炼、文字流畅等特点深受读者的欢迎，不仅中山大学将本书列为指定教材，不少兄弟院校也将其作为“自然辩证法”课程的指定参考书。由于距初版时间已有四年，做些修订是必要的。本次改版主要针对第三章第二节之三“批判性思维”部分进行，重新设计了总体框架，细化了某些表述，部分内容也做了适当的调整和修改，而其余章节只做了必要的文字订正。之所以对“批判性思维”部分做出较大修改，主要是因为该部分内容不是“自然辩证法”课程的传统内容，而是《自然辩证法教学大纲》新增加的（2013年之前无此内容）；同时，该内容又是近年来各方面普遍强调的，属于素质教育的范畴，而我国目前的本科教育并未将此课程作为公共必修课来讲授（少数院校除外），这无疑是我国高等教育的一个短板。本次改版意在对这个短板做些力所能及的修补，也为“自然辩证法”课程的完善做些努力。

本书是集体合作的产物。其中，吴炜撰写了绪论、第二章和第四章，程本学撰写了第三章，李珍撰写了第一章。本次改版由原作者执笔，程本学负责第三章“批判性思维”部分的修改，李珍负责第一章“问题讨论”部分内容的更新，吴炜审阅了书稿。限于作者水平，第二版仍然会有这样或那样的不足，希望读者不吝赐教、批评指正。

编　者

2019年5月

目 录

绪　　论

自然辩证法是马克思主义关于自然界和科学技术发展的一般规律、人类认识和改造自然的一般方法，以及科学技术与人类社会相互作用的一般原理的理论体系，是对以科学技术为中介和手段的人与自然、社会相互关系的概括和总结。自然辩证法是马克思主义理论特别是马克思主义哲学的重要组成部分。

一、自然辩证法的学科性质

马克思主义理论由马克思主义哲学、马克思主义政治经济学和科学社会主义三个基本部分组成。其中，马克思主义哲学是关于自然、社会和思维发展一般规律的科学，是马克思主义的世界观和方法论，是整个马克思主义理论体系的基础。而马克思主义哲学又由辩证唯物主义和历史唯物主义两大部分组成，前者是马克思主义的自然观，后者是马克思主义的社会历史观，这样的理论构成和体系体现了马克思主义所一贯主张的自然观和历史观的统一。而在马克思主义哲学的理论体系中，辩证唯物主义是唯物主义和辩证法有机统一的科学世界观和方法论，其基本内容和理论主要就是在自然辩证法的研究过程中形成的，因此，自然辩证法是马克思主义及其哲学的重要组成部分。

从其产生和发展的过程来看，自然辩证法是一门自然科学、社会科学和思维科学相交叉的具有哲学性质的马克思主义理论学科。它从世界观、认识论和方法论统一的高度，从整体上研究和考察自然界的存在和演化，以及人通过科学技术活动认识自然和改造自然的普遍与一般的规律；研究作为人与自然之中介的科学技术的性质和发展规律；研究科学技术和人类社会之间相互关系的规律。自然辩证法具有综合性、交叉性和哲理性的特点。

自然辩证法固然与科学技术有密切的关系，二者皆以自然界为自己研究和关注的对象，但绝不能把二者混为一谈，更不能以自然辩证法取代科学技术，因为前者所指出的自然界的“普遍规律”显然是不能代替后者所关注的“特殊规律”的。同时，自然辩证法又不同于更为普遍和更为一般的哲学原理，它位于科学技术的具体学科和马克思主义哲学的普遍原理之间。它所关注的是如何用马克思主义哲学的普遍规律去探索在自然界、人类认识和改造自然的科学技术活动中的一般规律，以及科学技术发展的一般规律，而这些内容既不具有科学技术那样的具体性，也不同于一般哲学所具有的那种高度抽象性。况且，在现代社会中，随着科学技术对人类社会生活的影响的日益增长，自然辩证法的关注点已经不仅是人与自然的关系，而且已经扩展到科学技术方法论和科学技术与社会的关系等领域，而这些领域已经不是以往的哲学研究所能覆盖的。

二、自然辩证法的研究内容

马克思主义自然辩证法是一个完整的科学理论体系，它包括马克思主义自然观、马克思主义科学技术观、马克思主义科学技术方法论和马克思主义科学技术社会论四个部分。①

（一）马克思主义自然观

自然观是人类对自然界总的观点和根本看法，是世界观的重要组成部分。马克思主义自然观是自然辩证法的重要理论基础，是马克思主义关于自然界的本质以及发展规律的根本观点，其基本任务是对自然界的存在和演化发展以及人与自然的关系作出科学的解释和说明。在马克思主义自然观产生之前，先后产生和存在过朴素唯物主义自然观、机械唯物主义（形而上学）自然观等几种自然观的形态，它们的产生和存在既有某种历史必然性与合理性，又有着不可避免的局限性和重大缺陷。马克思主义自然观正是在吸取这些自然观的某种合理性而又力避其局限性和缺陷的基础上形成的。辩证唯物主义自然观是自然观的高级形态，是马克思主义自然观的核心，系统自然观、人工自然观和生态自然观则是马克思主义自然观的当代形态。

---

① 出于种种考虑，本书的体系结构和内容叙述没有完全按照这里所说的框架进行安排，但基本内容大体涵盖了这几个部分。

（二）马克思主义科学技术观

科学技术观是人们对科学技术的总体看法和观点。马克思主义科学技术观是马克思主义关于科学技术的本质和发展规律的根本观点，它在总结马克思和恩格斯科学技术思想的历史形成与基本内容的基础上，分析当代科学技术的本质特征和体系结构，揭示科学技术的发展模式和动力，进而概括出科学技术的发展规律。

（三）马克思主义科学技术方法论

科学技术方法论是探讨人类进行科学技术活动时所遵循的一般性规律及其使用的一般性方法。它从辩证唯物主义的基本立场出发，概括出分析和综合、归纳和演绎、抽象和具体、历史和逻辑的统一等辩证思维形式，并且吸取具体科学技术研究中的创新思维方法和数学与系统思维方法等基本方法，对其进行总结和提炼，形成对科学技术研究和发展具有普遍指导意义的一般方法论。

（四）马克思主义科学技术社会论

科学技术社会论从马克思主义的立场观点出发，探讨科学技术与社会的关系，在社会环境中科学技术的发展规律，以及科学技术的社会建制、科学技术的社会运行规律等方面的内容。它主要涉及科学技术的社会影响和社会对科学技术的影响两方面内容。

三、自然辩证法的历史发展

自然辩证法是马克思和恩格斯为适应 19 世纪中后期无产阶级革命斗争和自然科学发展的需要，在概括和总结 19 世纪自然科学发展的最新发展成果，并且批判性地继承德国古典哲学的理论成就的基础上创立的。

在古代，远在自然辩证法创立之前，人们曾经形成了对自然界的自发的唯物主义和朴素辩证法的理解，这就是所谓自然哲学。在当时的科学技术和社会发展条件下，这种自然哲学虽然常常有“天才的闪光”，但也不可避免地具有浓厚的直观、思辨和猜测的性质。欧洲中世纪时期，宗教神学以及自然观在当时的社会与文化生活中占据主导地位，对自然的思考相比于古代反而倒退了。文艺复兴以后，近代科学开始登上人类历史的舞台，并且逐渐主导了人们对自然的理解和认识，人类的自然观开始了重大的变革。但在近代早期，由于科学技术发展的水平限制以及其他因素的影响，人们的自然观被深深地打上了机械力学的痕迹和烙印，机械或形而上学的自然观成为这一时期统治人类的主导。

18 世纪后期特别是 19 世纪以来，自然科学从收集材料阶段过渡到整理和概括材料阶段，自然科学的这一发展使此前还基本适应其发展的机械唯物主义自然观开始渐渐显得落后甚至千疮百孔、难以为继，科学本身对自然界认识的进展，要求突破形而上学的局限。在这一新的形势下，马克思和恩格斯概括与总结了当时自然科学的主要成就，并吸收德国古典哲学的理论成果，写出了《数学手稿》《自然辩证法》《反杜林论》等著作，创造性地提出和建立了自然辩证法的理论观点和体系。

在马克思、恩格斯逝世后，19 世纪末 20 世纪初科学技术领域所出现的一系列重大发现和成就又向哲学提出了新的挑战和要求。为适应这种挑战和要求，列宁继承了马克思和恩格斯的自然辩证法思想，在《唯物主义和经验批判主义》等著作中，对马克思主义自然辩证法的发展作出了新的贡献，把自然辩证法的研究推进到一个新的发展阶段。

在中国，早在 20 世纪 30 年代，随着《自然辩证法》《反杜林论》《唯物主义与经验批判主义》等马克思主义哲学和自然辩证法的经典著作中译版的出版，出现了学习和研究自然辩证法的组织，促进了自然辩证法在中国的传播。新中国成立后，特别是改革开放以来，自然辩证法在中国不仅得到了更为广泛的发展和研究，同时，自然辩证法的研究还开始与中国社会的现代化建设紧密结合，自然辩证法的研究者和工作者积极应对世界新技术革命的挑战与中国社会主义现代化经济建设和民主法治建设的需要，把研究领域扩展到科技发展战略、科技政策、科技管理、科学技术与人类文明等以往未曾或很少涉猎的领域，不仅对自然辩证法的学术研究，也对其应用研究作出了重要贡献，与此同时，自然辩证法的建制化也开始实施并且成效明显。总的来看，中国的哲学工作者和自然辩证法工作者对马克思和恩格斯所开创的自然辩证法事业也作出了自己应有的贡献。

第一章　马克思主义自然观

马克思主义自然辩证法的一个基本内容是自然观。自然观是人们关于自然界及其与人类关系的总的观点，它既是世界观的重要组成部分，又是人们认识和改造自然界的方法论所产生的前提和基础。总体上来看，自然观与自然科学的发展相一致，随着每一个时代科学技术的发展，自然观呈现出不同的内容和形式。在各种不同形态的自然观中，始终存在着唯物主义和唯心主义、辩证法和形而上学等论争。唯物主义自然观先后经历了三种不同形态：古代朴素唯物主义自然观、近代机械唯物主义自然观和马克思主义自然观。

马克思主义自然观是马克思、恩格斯关于自然界及其与人类关系的总的观点，其核心是辩证唯物主义自然观，它具有革命性、科学性、开放性和与时俱进等特点，系统自然观、人工自然观和生态自然观是其发展的当代形态，是科学发展观和生态文明观的重要理论基础。

第一节　马克思主义自然观的形成

马克思主义自然观是唯物主义自然观的高级形态，它的思想渊源主要是朴素唯物主义自然观和机械唯物主义自然观，马克思、恩格斯吸收了这两种自然观中的先进思想，在当时自然科学研究成果的基础上，提出了辩证唯物主义自然观。

一、朴素唯物主义自然观

人类一经产生，为了生存，必然要同自然界打交道，在劳动的过程中逐渐积累了关于自然界的知识。史前人类已懂得狩猎、制造工具等活动，但由于理论知识的缺乏和认识能力的局限，他们只能通过想象来认识事物，把对于自身的认识投射到其他所有与生命无关的事物中，于是逐渐形成了用人格化的原因来解释事物发生的模式。他们认为，宇宙中所发生的事物都是由一种看不见的力量，例如神所决定的，拟人化的神对于自然界和人类有着无限的干涉力量，这便形成了神学宗教自然观。在人类发展的早期，这种自然观在大多数国家和民族盛行。然而，随着人类对世界认识的不断深入，一种理性的思维方式在某些地区悄然兴起，它们对于自然的认识是以思辨和直观的方式进行的，这就是朴素唯物主义自然观，是唯物主义自然观最早期的一种形态，这种观点认为世界是由一种或几种具体的物质形态所组成的，万物由它而生，最终还原复归为它，不论是西方哲学还是中国哲学，都具有这种思想。

（一）中西方朴素唯物主义自然观

1. 古希腊朴素唯物主义自然观

古希腊是近代西方文明的发源地，这在很大程度上得益于其优越的地理位置。古希腊由于殖民扩张，其地理范围与如今所言的希腊相比要大得多，包括巴尔干半岛南端的希腊半岛、爱琴海东岸的艾奥尼亚地区、爱琴海南部的克里特岛以及南意大利地区。由于地理位置上临近巴比伦和埃及，古希腊吸收了古代四大文明中的巴比伦文明和埃及文明，以及其他很多民族的外来文化，再加上自己的创造，最终使得希腊文化成为世界文明之源。

在古希腊时期，自然科学处于萌芽状态，还没有形成独立的、系统的知识体系，有关自然科学的一切知识都是统一在哲学之中的，最早的哲学所关注的就是自然界的问题，常常被称为自然哲学。古希腊自然哲学试图对大自然作出统一的、合乎理性的说明，从整体上对自然界进行思辨研究，将关于普遍命题的哲学知识和关于自然事物的具体知识浑然一体，既有以经验事实为依据的内容，又有思辨和猜测的成分，它在本质上是一种自发的唯物主义和朴素辩证法的自然观，这集中体现在古希腊自然哲学家对万物本原的探究中。

对宇宙万物本原的探究，是人类一直试图解答的一个问题，这种解答在最初充满了神话色彩，而希腊人开创了一条新的思路，他们不需要借助于超自然因素，而是依靠人类的理性给出了新的答案。在希腊文中，“本原”一词的原意是“开始”，指构成万物的根源、始基，至于本原究竟是什么，古希腊哲学家给出了不同的答案。最早开创这种解答方式的是泰勒斯，他是古希腊最早的一个哲学流派——米利都学派的创始人，也被认为是世界上第一位哲学家和科学家，他提出了西方人最早的一个哲学命题“万物的本原是水”。在泰勒斯所处的那个时代背景下，他所思考的问题是：世界上的万事万物都是个别的、具体的、有形的、不断变化的，那么这个世界到底是由什么构成的呢？他认为不变的东西肯定是由可变的东西构成的，有形的东西肯定是由无形的东西构成的，于是他找到了这种东西，这就是水。为什么是水呢？首先，水具有两个特点：第一是无定形的，第二是流动性的，符合泰勒斯对本原的定位；其次，泰勒斯可能找了一些经验证据支撑了他的想法，因为水是一切生命要素中所不可或缺的，种子只能在潮湿的环境中才能够发芽。当然，泰勒斯的这一命题更多的是哲学的猜测，在他所处的那个时代背景下，他并不具备非常深刻的抽象表达能力，因而在他的思考中，抽象概念与具体知识总是浑然一体的，“万物的本原是水”这一命题的初衷是想用一种普遍性的东西来概括万事万物背后的共同本质，但是最终他用了一个符合这一本质特点的具体物质来替代这种普遍性。泰勒斯开创了这种对万物本原的解释模式，紧接着，其他古希腊哲学家也开始思考这个问题，他们分别给出了自己的答案。例如，米利都学派的另一位代表人物阿那克西米尼认为万物的本原是“气”，古希腊哲学家赫拉克利特和希巴索则认为是“火”。恩培多克勒在前人的基础上兼容并包，并加入新的元素“土”，提出了四元素说，即世界万物是由土、水、火、气四种元素共同构成的。这四种元素中，土是固体，水是液体，空气是气体，火则比气体更加稀薄，它们在宇宙中受到两种神力的影响，发生分化和组合。这两种神力作用在人的身上，表现出来的是爱与憎；作用在物的身上，表现出来的是吸引和排斥。四种元素就是在它们的作用下，以各种不同的方式和比例结合起来从而组成了世界上的万事万物。

上述的几种学说有一个共同的特点，即把万物本原归结为人们在日常生活中经常遇到的具体物质。但在古希腊哲学家中，也有人另辟蹊径，如毕达哥拉斯提出的“数即万物”和留基伯、德谟克利特的“原子论”。毕达哥拉斯是西方著名的哲学家和数学家，创立了毕达哥拉斯学派。这一学派把数看作世界的本原，他们认为数是万物的共同基础，决定了一切事物的形式和实质，是世界的法则和关系，他们把自然界和人类社会的奥秘归结为数学奥秘。尽管在他们对数的探讨中具有很多的神秘主义色彩，对某些数字甚至产生了崇拜，但是他们用已经掌握的数学知识去解释自然现象和社会现象的探索，是值得称道的。可以说，科学数学化的潮流正是从这里发源的，它开创了从数学角度说明自然规律的先河，对科学的发展影响深远。

原子论思想由米利都学派的留基伯提出，经由德谟克利特发扬光大。与之前的学说相比，原子论并不试图从宏观层面把万物统一到人们感官所能感觉到的具体物质上，而是从微观层面把万物统一到人们感官所不能感觉到的微小粒子——原子，认为原子是组成万物的终极粒子。“原子”一词在希腊文中是“不可分割”的意思，他们认为原子极其微小、不可分的，具有两种属性：大小和形状。之所以世界上有万事万物，就是因为构成它们的原子在大小和形状上各不相同。例如，水原子外表光滑，呈现圆形，所以水无定形且易于流动；火原子多刺，所以人们接触到它会有灼烧感；土原子毛糙且凹凸不平，所以彼此容易结合在一起形成坚固的物质。原子按照一定的形状、次序和位置结合与分离，形成万物。原子论思想直观而朴素，其中包含的机械还原论色彩是很明显的，17 世纪在科学中兴起的“微粒说”“原子论”与之有着紧密的关联。

在古希腊的哲学流派中，原子论虽然最接近近代科学，但在古希腊哲学家中赞成原子论的并不多，大多数哲学家所支持的是恩培多克勒的四元素说，其中亚里士多德将这一理论加以改造而使其广为流传。亚里士多德将四种基本元素还原为四种更为基本的属性：冷、热、干、湿，它们彼此之间两两结合，便产生出一种元素，例如，水 = 冷 + 湿，土 = 冷 + 干，火 = 热 + 干，气 = 热 + 湿。亚里士多德用这一理论解释物质状态的变化和不同物质相互之间的转化，例如，水如果被加热，水中的冷就会被热所替代，热和湿结合就使水变成气。亚里士多德认为，不能将四种元素简单地将其理解成我们日常生活中所见到的那些经验物质，例如，土并不仅仅是指我们脚下的大地，它泛指固体。然而，四元素只是地球上物体的物质组成，而天体则是由第五种元素“以太”组成的。这种天地有别的观念统治了西方思想界 1000 多年。

2. 古代中国朴素唯物主义自然观

中国的科学技术在古代曾经有过辉煌的成就，这与古代中国人的自然观关系密切。古代中国人把自然界看作一个普遍联系、不断运动发展的整体，是朴素唯物主义自然观的典型代表，包括对万物本原、人与自然关系、时空等问题的认识，具体内容包括以下几个方面：

（1）阴阳五行学说。阴阳学说认为，世界是在阴阳二气的推动下孪生、发展和变化的。古代中国人认为，阴和阳是宇宙中的两种势力，两者之间相互影响、相互作用，阳对于阴既有吸引力，又有排斥力，阴对于阳亦是如此，宇宙间因此有了活力。阳气上升，阴气下降；阳气是开，阴气是合。一升一降，一开一合，造成了四季往复，万物衍生。五行学说认为，木、火、土、金、水是构成世界不可缺少的五种元素，它们相互资生、相互制约，处于不断的运动变化之中。阴阳五行学说被广泛地运用于医学领域，用以说明人类生命起源、生理现象、病理变化，指导临床的诊断和防治，成为中医理论的重要组成部分。

（2）天人合一学说。在中国古代一直盛行天人感应学说，它的核心思想是天与人相通，天根据民意来治理人事，这成为约束君主行为的一种思想武器。这种思想逐渐发展，导致了天人合一学说的诞生，这一学说是对人与自然关系的探讨，认为人源于自然界，人是天地万物中的一个部分，人与自然是息息相通的一体，人类能够通过掌握自然规律来认识和改造自然界。

（3）时空观念。中国古人很早就开始了对时空问题的探索，这体现在以下几个方面：①时空定义。早在先秦时期就已经出现了对时空的定义，先秦古籍《管子》中的“宙合”便是对时空的命名，按照古人的理解，“古往今来曰宙，四方上下曰合”，故而“宙”指的是抽象意义上的时间，“合”指的是抽象意义上的空间。墨家代表作《墨经》中把时间称为“久”，定义说：“久，弥异时也”，“久，古今旦暮”，把空间称为“宇”，定义说：“宇，弥异所也”，“宇，东西家南北”，即把时间看成各种具体时刻概念的综合，把空间看成各种不同的具体空间场所或方位的总称。《庄子》中则将空间称为“宇”，时间称为“宙”。②时间的流逝是连续的、不可逆的，同时又是客观的、均匀的，不受外在因素控制。因此，孔子面对滔滔河水，有了“逝者如斯夫，不舍昼夜”的感悟，古人也因而产生了“惜时”观念，民间“一寸光阴一寸金，寸金难买寸光阴”是这一观念的典型体现，这是古人的时间观念对于社会意识的影响。③主体对于时间流逝快慢的主观感觉是不确定的。《淮南子·说山训》中体现了这一思想：“拘囹圄者，以日为修；当死市者，以日为短。”这段话的意思是，拘押在牢狱中的人，认为时间过得太慢了，即使一天的时间也很长；而被判处死刑的人，同样是拘押在牢狱之中，则认为时间过得太快。④时间无限、空间无限的思想。《庄子·齐物论》中提到：“有始也者，有未始有始也者，有未始有夫未始有始也者。”这段话的意思是：如果说宇宙有个“开始”，那么在这个开始之前，一定还有一个没有开始的“开始”；在这个没有开始的开始之前，一定还有一个没有开始的“没有开始的开始”，依次推论下去，必须承认时间没有起点，是无限的。《管子·宙合》中则探讨了空间的无限性：“宙合之意，上通于天之上，下泉于地之下，外出于四海之外，合络天地，以为一裹，散之于无闲，不可名而山，是大之无外，小之无内，故曰有橐天地。”“宙合”所指的就是空间。

（二）朴素唯物主义自然观的特点和历史地位

古代朴素唯物主义自然观，把自然界看作一个统一的有机体，并且力图“在某种具有固定形体的东西中，在某种特殊的东西中去寻找这个统一”①，古希腊自然哲学家对自然界万物本原的解释、古代中国的阴阳五行学说都具有这样的特征，他们把自然界看成由种种联系和相互作用构成的一个整体，所有的事物都在不断运动、变化、产生和消失，并且遵循着一种物质上的守恒。这种自然观源于天才的直观、理性的思考和大胆的猜测，他们对于自然界事物和现象的把握，从最简单直观的外部现象开始，从总体上和宏观上进行直接观察，并加以大胆的猜测和想象，尽可能把复杂的自然现象简单化和抽象化，这显然已经正确地把握了自然界的总画面，但是，由于这种自然观并不是以观察和实验为依据的研究结论，因此不能对自然现象做具体的说明，缺乏将自然现象连接成因果链条的经验知识，造成古代自然哲学对自然界总体联系的认识是模糊的，尚未达到分析和剖析的程度，因而不得不用哲学的思辨来填补知识的空白。

然而，古代朴素唯物主义自然观的形成无疑是人类认识自然的一次巨大进步，它标志着人类已经开始用理性精神去探索自然界的本质和规律，这对近代科学的产生有着巨大的推动力。例如，毕达哥拉斯学派对自然界数量关系的探求，并以此作为解释自然现象和社会现象的基础，开创了从数学角度说明自然规律的先河；古希腊原子论思想与17世纪在科学中兴起的“微粒说”“原子论”有密切的联系，是近代机械唯物主义自然观的直接来源，它利用物质微粒对宏观经验现象的解释，开创了近现代科学的研究传统；用少数的假定来解释自然界的各种现象，实现科学理论中统一性的方法论原则，也成为近代科学研究的纲领。恩格斯说过：“在希腊哲学的多种多样的形式中，差不多可以找到以后各种观点的胚胎、萌芽。因此，如果理论自然科学想要追溯自己今天的一般原理发生和发展的历史，它也不得不回到希腊人那里去。”②

---

① 《马克思恩格斯全集》第20卷，人民出版社1971年版，第16页。

② 同上书，第30页。

二、机械唯物主义自然观

机械唯物主义自然观是唯物主义自然观发展的第二个历史形态，是16—18世纪的科学家和哲学家以近代科学技术为基础，概括和总结自然界及其与人类的关系所形成的总的观点，它是马克思主义自然观形成的重要思想渊源。

（一）机械唯物主义自然观的哲学基础和科学基础

1. 古希腊原子论

机械唯物主义自然观的哲学渊源可以追溯到古希腊哲学中的留基伯和德谟克利特创立的“原子论”，原子论思想在前文中已有介绍，其主要内容包括以下几个方面：第一，世界上的一切事物都是由原子构成的，原子不可再分，是万物的共同基础；第二，原子具有两种属性，即大小和形状，原子很小，所以我们看不到，它在数量上是无限的；第三，原子按照一定的形状、次序和位置结合与分离，从而形成万物及其消长；第四，存在着静止的、绝对的虚空，原子在其中运动；第五，由于原子不可破坏，因此物质是不灭的，不可能从无中生有，也不可能在毁坏中化为乌有。① 这些内容要点基本上被近代科学全部继承，当中已包含了机械论的部分观念，这主要体现在两个方面：第一，古代原子论认为原子作为万物的共同基础，仅仅具有某些简单的机械性质：形状、大小和重量；原子的运动和相互关系也只具有最简单的机械性质。第二，古代原子论把宏观世界统一到微观层次的原子的机械运动，从而对世界作出统一的解释，这正是17世纪牛顿科学纲领的最初原型。当然，古代原子论与近代机械论还是有明显区别的，它没有被经验所检验，所以从原则上还只是一种玄学或哲学理论。

2. 近代科学早期的朴素机械论

在近代科学中，虽然机械唯物主义自然观作为一种科学纲领用以指导科学研究是以牛顿为标志的，但其孕育、形成和发展经历了一个漫长的历史过程。早在中世纪末期就孕育了这种自然观。中世纪常常被称为“黑暗世纪”，但实际上在10世纪之后，欧洲在技术方面获得了长足的进步，在生产中机械化已相当普遍，一方面，伴随着这种以“机械化”为特征的技术

---

① 参见林定夷《近代科学中机械论自然观的兴衰》，中山大学出版社1995年版，第3页。

累积与增长，促成了资本主义经济关系的萌芽与发展；另一方面，人们日益广泛地与机械打交道，逐渐认识到机械装置和机械运转的简单和规则性。当然，这还不足以解释近代科学中机械唯物主义自然观兴起的原因，长久以来，不管是欧洲还是古代中国，“机械化”在生产和生活中的兴起都不是第一次，但由于学者传统和工匠传统一直是分离的，因此，生产和生活中的“机械化”技术并不足以影响学者所研究的学问。但在13世纪之后，学者传统和工匠传统却发生了接近与结合的趋势，在这一趋势的影响下，力学问题成了学者所关心的中心课题，科学中逐渐兴起了蓬勃的实验风气，科学的方法论观念发生了巨大的变化。再加上数学被引进力学的研究当中，15世纪之后，力学取得了长足的进展。力学与数学相结合，建立了一些精确的理论，能够对现象作出定量的解释和预言，并且能够通过实验来予以检验。16世纪初，意大利著名画家达·芬奇用静力学的观点解释了骨骼的杠杆作用；意大利数学家博雷利用力学原理解释了人的走、跑、跳、滑冰、举重等体力行为；17世纪，英国解剖学家、医生威廉·哈维将人的血液循环系统与流体的动力学系统作类比，提出了血液循环理论。这时，人们的自然观已经发生了明显的转向，他们不再对自然界作拟人化的解释，而是拿机械作类比，对人和动物的行为作机械主义的理解。

3. 牛顿经典力学体系的建立

机械唯物主义自然观的孕育、产生与发展的过程伴随着近代自然科学的诞生、发展，并走向辉煌，它是经由哥白尼、开普勒、伽利略等科学家逐渐奠基和发展起来的，最终在牛顿经典力学体系建立以后，以机械唯物主义自然观作为科学研究纲领被明确地提出来。

1543年，波兰天文学家哥白尼《天体运行论》一书的出版，揭开了近代自然科学的序幕，引发了自然观的革命性变革。在西方天文学界，长期占据统治地位的是古希腊天文学家托勒密的地心说，进入中世纪之后，地心说曾经一度和古希腊的其他学术理论一样被视为异端邪说，但随着欧洲第一次学术复兴，亚里士多德和托勒密所代表的希腊宇宙论开始深入人心。中世纪著名经院哲学家托马斯·阿奎那在其中做了大量工作，他将亚里士多德的理论融入基督教神学之中，从而使地心说获得了正统的地位，并且被赋予了宗教意义。这时，托勒密的地心说与亚里士多德的宇宙体系结合起来，附会了人间的等级结构，以月亮为界，天上高贵，地下卑贱，地上物体由土、水、火、气四种元素组成，天上物体由无色而透明的以太构成，地上的物质是速朽的，而天上的物质是永恒的。在天体中，越往高处越进入神圣美妙的境地。文艺复兴时期但丁的《神曲》中便出现了这种附会人间等级结构的宇宙体系，在《天堂篇》中，但丁在少女贝亚德的引领下依次上升到了月球天、水星天、金星天、太阳天、火星天、木星天、土星天、恒星天、水晶天，并且在水晶天窥见了上帝，沉浸在至高无上的幸福中（如图 1－1 所示）。

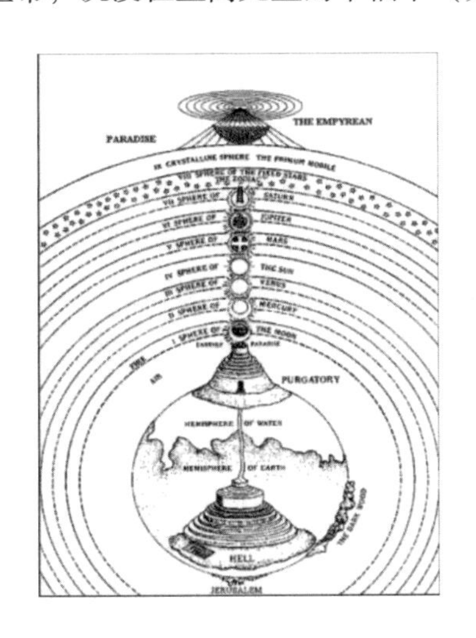

图 1－1

图片来源：［意］但丁著《神曲》，田德望译，人民文学出版社 2018 年版，第 625 页。

在《天体运行论》中，哥白尼推翻了地心说，提出了日心地动说，他的主要革新体现在以下几个方面：第一，提出了地球自转和公转的概念；第二，用太阳取代地球位于宇宙的中心，所有的行星包括地球均以太阳为中心转动。哥白尼学说无论是在科学上还是在哲学上都具有划时代的意义，它不仅仅是一场天文学上的变革，而且是同亚里士多德物理学的决裂，更是对宗教神学的反叛。

在哥白尼提出日心说之后，有两个问题亟须解决：一是天体运动的原因是什么。二是怎样解决日心说与常识相悖的问题。例如，太阳东升西落、地动抛物问题等，开普勒和伽利略对此作出了各自的贡献。开普勒提出了行星运动三大定律，修正了哥白尼关于行星运动轨迹是匀速正圆周运动的错误观点，并且认为天文学理论必须依赖于合理的物理学原理，试图用运动力学原理来说明天体现象。伽利略开创了将实验科学与数学定量方法相结合的研究方式，成功地建立了关于运动的数理科学的基础。开普勒和伽利略完成了“哥白尼革命”，奠定了机械唯物主义自然观的基础。

经典力学体系的建立是以牛顿的著作《自然哲学的数学原理》的出版为标志的，牛顿在这部著作中提出了力学的三大定律和万有引力定律，把行星的运动与地面物体的运动统一在相同的物理定律之中，实现了自然科学上的第一次大综合。从哥白尼到牛顿的发展过程可以看作世界图景的机械化过程，他们试图论证宇宙是一部巨大的机器，遵循着最基础的力学原理。由此，牛顿明确地提出了他的研究纲领："我希望能用同样的推理方法从力学原理中推导出自然界的其余现象；因为有许多理由使我猜想，这些现象都是和某些力相联系着的，而由于这些力的作用，物体的各个粒子通过某些迄今尚未知道的原因，或者相互接近而以有规则的形状彼此附着在一起，或者相互排斥而彼此分离。正因为这些力都是未知的，所以哲学家一直试图探索自然而以失败告终，我希望这里所建立的原理能给这方面或给（自然）哲学的比较正确的方法带来一定光明。"[①] 牛顿试图从力学原理中导出其余自然现象，实质就是一个以力学原理为基础的科学统一纲领。

（二）机械唯物主义自然观的基本观点

机械唯物主义自然观主要包括两方面的内容：机器的自然图景和机械决定论。

1. 机器的自然图景

机械唯物主义自然观的关键在于"机械"，从哥白尼到牛顿的整个发展过程一直被称为世界图景的机械化过程。16 世纪末，法国作家亨利·德芒纳蒂尔指出，世界是一部机器，是最有意义和最美妙的一部机械装置；开普勒将天体比喻成一座时钟；笛卡尔认为，自然图景是一种受着精确数学法则支配的完善的机器。他们不再对自然界作拟人化的解释，而是拿机械作类比，对人和动物的行为作机械主义的理解。笛卡尔认为动物是纯粹的机器；英国哲学家霍布斯认为，生命只不过是肢体的运动，人体只不过是一个制作精良的时钟，心脏是发条，神经是游丝，关节是齿轮。当然，这种将各类自然现象与机械的简单类比还比较粗浅。

然而在牛顿之后，机械论科学纲领发展得更为成熟和精致，牛顿实质上是将自然界的一切现象都还原为力学原理，还原为机械运动，并且取得了巨大成就。牛顿不但用力学原理解释了天上的行星运动、彗星运动，地下的落体运动乃至潮汐现象，甚至把表面上看来并非属于力学范畴的其他现象也与

① 转引自林定夷《近代科学中机械论自然观的兴衰》，中山大学出版社 1995 年版，第 79 页。

力学联系起来。

这样，经过几个世纪科学发展的推动，一幅囊括一切层次和类别的、机器的自然图景便建立起来了：宇宙被描绘成一架巨大的机器，太阳系的每一个行星都在一个精确的轨道上运行；所有行星几乎在同一平面上围绕太阳转动，并且转动方向一致；宇宙中的其他现象，如光学、热学、电学、磁学等一切现象都能够还原为机械的力学原理；不仅如此，地球上的一切动物，包括人类在内，也无一不是机器。

2. 机械决定论

决定论的代表是18世纪的法国天文学家拉普拉斯，他认为，宇宙像时钟那样运行，某一时刻宇宙的完整信息能够决定它在未来和过去任意时刻的状态，因此，不论是过去还是未来，没有什么事物是不确定的，宇宙沿着唯一一条预定的轨道演变。

拉普拉斯决定论是由牛顿的线性因果决定论演变而来的，这一决定论不但强调原因决定结果，并且同果必定同因，所以，我们不但能从原因推知结果，还能从结果反推出原因。线性因果决定论源于牛顿力学原理中的一条：对于一个封闭的质点系，只要我们知道它在某一时刻的所有质点的坐标和动量，那么我们就能够精确地知道它所有质点以前和以后的任何时刻的位置和动量，即这个质点系在任意时刻的状态。因而，在力学系统中的一切都是必然的，由先在状态和力学规律能够推出后继状态，由后继状态和力学规律又能反推出先在状态。根据这一理论，力学系统中根本不存在“偶然性”，“偶然性”只不过是由于我们不了解其中的因果规律或初始条件而造成的一种假象。既然力学系统具有这一特点，而牛顿的科学纲领的实质是将其他所有的自然现象都还原为力学原理，那么，可以推论出整个自然界都是没有“偶然性”存在的。牛顿之后，经典力学的巨大成就进一步增强了牛顿理论的决定论色彩，这体现在两个方面：一是力学理论上的增强。牛顿之后的科学家进一步发展了牛顿力学，如拉普拉斯的天体力学、拉格朗日的分析力学。二是实践上引力论的确证。如哈雷彗星回归的预见、海王星的发现等。

到18世纪末，这种机械决定论被推向顶峰，法国哲学家霍尔巴赫认为宇宙中存在普遍必然的因果联系，“一切现象都是必然的……必然性就是原因和结果之间的固定不移的、恒常不变的联系”①，从而否定了偶然性的存

① 北京大学哲学系外国哲学史教研室编：《十八世纪法国哲学》，商务印书馆1963年版，第595页。

在。拉普拉斯则将这种因果律发展成了绝对的机械决定论。

（三）机械唯物主义自然观的辉煌与衰落

在牛顿之后的将近200年中，机械唯物主义自然观作为一套科学纲领为科学研究提供了总体框架，近代自然科学在其指导下，取得了十分辉煌的成就，十八九世纪的科学，特别是化学和物理学成就几乎都是如此取得的。在光学领域，牛顿首先将光学与力学原理联系起来，他以“微粒说”作为基础，将光学还原为力学，并取得了巨大的成功，导出了包括折射定律在内的许多光学定律；而与之相对的“波动说”，同样也是在牛顿科学纲领的指导下进行工作的，在两种学说长期争论的过程中，光学获得了极大的发展。在热学领域，牛顿将热看作物体微粒的扰动或振动，为热质说和热力学的建立奠定了基础，19世纪，热的动力学理论、分子运动论进一步实现了热学定律的力学还原。在电学磁学领域，牛顿首先将电和磁假设为某种看不见的“流质”，18世纪，格雷的电流体观念、杜飞的两种电的假说、富兰克林的“一流体”等关于电的各种本质学说“都是从当时指导一切科学研究的机械粒子哲学的某种变形中片面地引申出来的”①。库仑定律的发现更加巩固了机械论的地位。

然而，正当机械论在19世纪的科学中取得节节胜利的时候，它却同时开始走向衰落，原因在于出现了新的自然图景与之对抗。首先，在光学领域，偏振现象打开了机械论框架的第一个缺口；紧接着，在电磁学领域又遭遇了接二连三的致命打击，以法拉第和麦克斯韦为代表的“场”的观念的形成和发展，最终导致了机械论走向衰落。

在19世纪的最后一天，当时物理学界的泰斗威廉·汤姆（即开尔文男爵）在物理学年会上的新年致辞上提到：“物理学美丽而晴朗的天空被两朵乌云所笼罩”，正是这些新的自然现象的出现，导致了机械论逐渐衰落和灭亡。这“两朵乌云”分别指的是以太漂移实验和黑体辐射问题，并最终诞生了相对论和量子力学。以太漂移实验源于要把电磁学还原为力学原理的设想，有人提出电磁学现象实质就是电磁波的传递，这与声波类似，但问题在于声波的传递是需要介质的，而电磁波在真空中都能够传递，它的介质是什么呢？物理学家们认为是亚里士多德所提出的一个古老的概念——“以

---

① ［美］托马斯·库恩：《科学革命的结构》，金吾伦、胡新和译，上海科学技术出版社1980年版，第11页。

太”，以太被认为是光、电、磁的共同载体。从表面上看，牛顿的科学纲领仍然得以维系，但新的问题接踵而至，那就是如何证实“以太”的存在。麦克斯韦提出了一种探测方法：由于地球以每秒30千米的速度绕太阳运动，因此必定会遇到每秒30千米的“以太风”迎面吹来，那么分别测量在垂直于和平行于地球运动的方向上的光速，两者必定有时间差。1887年，迈克耳逊与美国化学家、物理学家莫雷合作，进行了著名的“迈克尔逊—莫雷实验”，即“以太漂移”实验，然而实验结果并没有探测到时间差，这使得科学家处于两难的境地：要么放弃维护牛顿科学纲领的以太理论，要么放弃更古老的哥白尼地动说。为了消除这一困难，荷兰物理学家洛伦兹提出收缩假说、洛伦兹变换等理论，虽然使得笼罩着经典物理学的这一朵“乌云”得以消散，但很多传统观念已被大大修改。黑体辐射问题也被称为“紫外灾难”，19世纪末，卢梅尔等人从著名的黑体辐射实验中发现黑体辐射的能量不是连续的，它按波长的分布仅与黑体的温度有关。从经典物理学的角度看来，这个实验的结果是不可思议的，英国物理学家瑞利认为能量是一种连续变化的物理量，于是在1900年根据经典统计力学和电磁理论推出了黑体辐射的能量分布公式，这一公式在长波部分与实验结果比较符合，短波部分却出现了严重的背离。它的失败表明经典物理学理论在黑体辐射问题上是失败的，因而被称为经典物理学的“灾难”。

19世纪末20世纪初物理学界的“乌云”并不只有两朵，从总体上来说，在相对论、原子结构和量子力学三个方面，机械论受到了决定性和致命性的打击。相对论提出了与机械论完全不同的科学纲领：并不是所有自然规律最终都能从经典力学原理中得到解释，或从中导出，相反，经典力学原理却成了可以从相对论中导出的某种极限条件下的特例；在原子结构方面，X射线、放射性现象、钋和镭、电子等的发现具有划时代的成就，导致了原子观念的变革，推动了汤姆逊模型、卢瑟福模型、波尔模型等原子结构理论的建立；量子力学则从根本上改造了物理学的基础，它引入了很多基本观念：作用量子、波粒二象性、互补原理、物理量不可对易性、测不准关系、非决定论等，这些都与经典物理学观念格格不入。

（四）机械唯物主义自然观的意义和局限

任何一种思想都不可能是完美无瑕的，机械唯物主义自然观亦是如此。作为一种科学纲领，机械论在历史上曾经取得了辉煌的成就，近代科学正是在其指导下在两三百年的时间内迅速走向成熟的。与古代朴素唯物主义自然观相比，由于近代自然科学已经发展到了以观察和实验为依据，结合定量化研究方式，对自然界的细节认识方面有了突飞猛进的发展，这使得它能够更好地坚持唯物主义。机械论引导人们在解释世界的时候最终摆脱了“上帝”的作用，“上帝创世说”日渐退出历史舞台，以至于到了18世纪末，当拉普拉斯向拿破仑介绍他的以牛顿力学为基础的“天体力学”时，拿破仑反问拉普拉斯：“您怎么不提到‘上帝’?”拉普拉斯毫不犹豫地回答：“陛下，我不需要这个假说!”然而，机械论用纯粹力学的观点来考察和解释自然界的一切现象，将自然界的各种运动形式都归结为机械运动，这种观点否认了有机界和无机界、人类社会和自然界之间在性质上的差别；抹杀了物质运动形式的多样性；认为自然界的运动遵守严格的秩序，不存在偶然性，这些观点与古代朴素唯物主义自然观相比，显然是一种倒退。所以，恩格斯指出：“18世纪上半叶的自然科学在知识上，甚至在材料的整理上大大超过了希腊古代，但是在观念地掌握这些材料上，在一般的自然观上却大大低于希腊古代。”①

三、辩证唯物主义自然观

辩证唯物主义自然观是马克思和恩格斯以近代科学技术为基础，批判性地吸收了古希腊自然哲学、黑格尔的辩证法和机械唯物主义自然观的合理之处，概括和总结自然界及其与人类关系所形成的总的观点，它是马克思主义自然观形成的理论基础和重要标志。

（一）辩证唯物主义自然观确立的哲学基础和科学基础

1. 辩证唯物主义自然观确立的哲学基础

辩证唯物主义自然观的渊源可以追溯到古希腊自然哲学，它的直接来源是德国古典自然哲学。黑格尔是德国古典自然哲学的集大成者，他在《哲学全书》第二部分“自然哲学”中的辩证唯心主义立场上，把整个自然界的发展看作绝对精神自我异化和自身复归的过程。他批判了纯粹经验主义的科学家对思维的藐视，认为自然科学同样要用辩证的思维方式来考察自然，“自然界自在地是一个活生生的整体”②，自然作为全体表现为阶段性组成的

① 《马克思恩格斯选集》第4卷，人民出版社1995年版，第265页。

② 黑格尔：《自然哲学》，梁志学、薛华等译，商务印书馆1980年版，第22页。

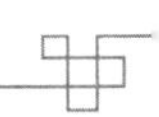

体系，是一个由低级阶段到高级阶段不断完善的发展过程，最初的阶段是最抽象的，最后的阶段是更真实的，前一阶段是后一阶段的基础，后一阶段是前一阶段的保留和补充。按照这种思想，黑格尔将自然过程划分为力学、物理学和有机学三个阶段，并且认为“引导各个阶段向前发展的辩证的概念，是各个阶段内在的东西”[①]。

2. 辩证唯物主义自然观确立的科学基础

辩证唯物主义自然观的科学基础是19世纪的自然科学，在经历了18世纪下半叶以蒸汽机为主要标志的技术革命以及随之而来的产业革命之后，资本主义手工业逐渐向机器大工业生产过渡，促进了资本主义生产的飞跃，也有力地推动了自然科学的发展。19世纪，自然科学的研究已经从分门别类搜索材料的阶段进入了对经验材料进行综合整理和理论概括的阶段。“自然科学本质上是整理材料的科学，是关于过程、关于这些事物的发生和发展以及关于联系——把这些自然过程结合为一个大的整体——的科学”[②]。

（1）星云假说。1755年，德国哲学家康德在其发表的《自然通史与天体论》中提出了关于太阳系起源的“星云假说”。1796年，拉普拉斯在《宇宙体系论》中提出了类似的假说，并进行了数学和力学方面的论证。星云假说认为，太阳系是从一团尘埃微粒组成的星云中通过吸引与排斥的矛盾运动而逐渐生成的；太阳系有时间和空间的历史。恩格斯评价说：“康德关于所有现在的天体都从旋转的星云团产生的学说，是从哥白尼以来天文学取得的最大进步。认为自然界在时间上没有任何历史的那种观念，第一次被动摇了。……康德在这个完全适合于形而上学思维方式的观念上打开了第一个缺口。”[③]

（2）人工合成尿素。1828年，德国化学家维勒完成了人工尿素的合成，他用普通的化学方法，从氰、氰酸银、氰酸铅、氨水和氯化铵等无机原料中合成有机物尿素，“证明了适用于无机物的化学定律对于有机物是同样适用的，而且把康德还认为是无机界和有机界之间的永远不可逾越的鸿沟大部分填平了”[④]。

（3）地质“渐变论”。1830—1833年间，英国地质学家赖尔提出了地

---

① 黑格尔：《自然哲学》，梁志学、薛华等译，商务印书馆1980年版，第29页。

② 《马克思恩格斯选集》第4卷，人民出版社1995年版，第245页。

③ 同上书，第397页。

④ 同上书，第268页。

质渐变论，他认为地球是缓慢渐变的，以此来说明整个地球、地球的表层以及地表上的动物和植物的演变过程，有力地批判了在西方长期占据主流地位的居维叶的“灾变说”。因此，恩格斯指出：“最初把理性带进地质学的是赖尔，因为他以地球的缓慢的变化这样一些渐进的作用，取代了由于造物主的一时兴起而引起的突然变革。”①

（4）细胞学说。细胞学说是由德国生物学家施莱登和施旺提出的，施莱登发现植物是由细胞组成的，施旺则将细胞学说推向了动物界，指出动物和植物一样，也是由细胞组成的。细胞学说的建立，揭示了动物和植物在本质上的统一性，证明了一切生命物质都是由单一细胞发展而成的。

（5）能量守恒与转化定律。19 世纪 40 年代，迈尔、焦耳等人各自提出了能量守恒和转化定律，这一定律揭示了在自然现象中能量既不能创造，也不能消灭，而只能在总数值不变的原则下，由一种形式转变为另一种形式，或由一物体转移给另一物体。也就是说，物质运动的任何一种形式，如机械的、光的、电的、磁的、化学的和生物的等，都能够在一定的条件下，以直接或间接的方式转化为另外一种或几种运动形式，而作为物质运动量度的能量，在转化前后保持不变。

（6）生物进化论。1859 年，英国生物学家达尔文在《物种起源》中提出了生物进化论，他用大量事实论证了生物界的任何物种都是自然界长期进化的结果，从而揭示出生物由简单到复杂、从低级向高级的发展规律，推翻了神创论和物种不变说。马克思和恩格斯认为达尔文的进化论“证明了自然界的历史发展”②，为自然界的历史观“提供了自然史的基础”③。

（7）元素周期律。1869 年，俄国化学家门捷列夫发现了元素周期律，即元素的性质随着元素原子量的增加而呈周期性变化。这一发现揭示了各种元素之间的内在联系，为新元素的发现、元素性质的推断、物质结构理论的研究提供了可遵循的规律。

（8）电磁场理论。电磁场理论是由法拉第、麦克斯韦等人发现的。法拉第的电磁感应实验将机械功与电磁能联系起来，证明二者可以互相转化。麦克斯韦进一步建立了完整的电磁场理论体系，不仅科学地预言了电磁波的存在，而且揭示了光、电、磁现象的内在联系及统一性，完成了继牛顿力学

---

① 《马克思恩格斯选集》第 4 卷，人民出版社 1995 年版，第 268 页。

② 同上书，第 503 页。

③ 同上书，第 131 页。

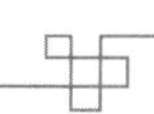

之后物理学史上的又一次大综合。

（二）辩证唯物主义自然观的基本观点和特征

1. 辩证唯物主义自然观的基本观点

这些基本观点主要包括：自然界是客观的物质存在，物质是万物的共同基础，物质具有无限多样的形态和结构；物质都是运动的，自然界除了运动着的物质及其表现形式以外，什么都没有；物质运动在量和质的方面都是不灭的，“整个自然界被证明是在永恒的流动和循环中运动着”①；时间和空间是物质运动的存在形式；自然界的事物是普遍联系和相互关联的，事物内部的矛盾运动是事物发展的根本原因；自然界物质及其运动、变化和发展是永恒的；当自然发展到一定阶段的时候，产生了人类和人类社会；人是自然界的一部分，意识和思维是物质高度发展的产物，是人脑的机能和属性；社会生活在本质上是实践的，人类通过自己的实践活动认识和改造自然界；自然界的运动变化是存在规律的，而这些规律能够被人类认识和利用；随着人类的实践活动的深入，逐渐出现了一个与“天然自然”所不同的“人化自然”。

2. 辩证唯物主义自然观的特点

辩证唯物主义自然观与以往的唯物主义自然观相比，具有以下独特特征：

（1）唯物论和辩证法的统一。辩证唯物主义自然观吸收了古代朴素唯物主义自然观和近代机械唯物主义自然观的合理成分，即实现了唯物论和辩证法的有机结合，但同时又克服了朴素唯物主义自然观由于缺乏科学的认识基础而造成的直观性、思辨性、模糊性等局限，批判了机械唯物主义自然观的机械论和形而上学观点。首先，辩证唯物主义自然观吸收了近代自然科学的研究成果，坚持了唯物主义立场，它强调了“自然界的优先地位”②，把自然界的客观实在性和存在的优先性看作人类认识自然界的前提。其次，辩证唯物主义自然观同时坚持了辩证法，它认为自然界的一切事物和现象都处于普遍联系与相互作用之中，各种不同形式的物质不断运动和相互转换，处于永恒的产生和消亡之中。

（2）自然史和人类史的统一。辩证唯物主义自然观认为，“历史可以从

---

① 恩格斯：《自然辩证法》，于光远等编译，人民出版社 1984 年版，第 15 页。

② 《马克思恩格斯选集》第 1 卷，人民出版社 1995 年版，第 77 页。

两方面来考察，可以把它划分为自然史和人类史，但这两方面是不可分割的；只要有人存在，自然史和人类史就彼此相互制约"①。这种相互制约的关系表现为两个方面：首先，自然界的存在和演化是人类历史存在和发展的物质前提，人类为了生活就必须从事物质生产活动；其次，自然界是人类从事物质资料生产的来源和对象。因而，自然界、人类和社会历史是一个统一的自然历史过程，自然界先于人及人类社会，人类社会是自然界的一部分，人类的"历史本身是自然史的即自然界成为人这一过程的一个现实部分"②。

（3）人的能动性和受动性的统一。与机械唯物主义自然观所不同的是，辩证唯物主义自然观从"能动"和"受动"两个方面分析了人和自然之间的对象性关系："一方面具有自然力、生命力，是能动的自然存在物；这些力量作为天赋和才能、作为欲望存在于人身上；另一方面，人作为自然的、肉体的、感性的、对象性的存在物，和动植物一样，是受动的、受制约的和受限制的存在物。"③ 人类在认识世界和改造世界的过程中，虽然能够积极地发挥主观能动性，但是这种发挥却不是不受限制的，必须在遵循自然规律性的前提下进行。

（4）天然自然和人工自然的统一。辩证唯物主义自然观与以往自然观的一个不同之处在于对"自然界"的不同理解，以往的自然观所理解的"自然界"是纯粹的天然自然，包括人类世界产生之前的自然界和人类活动尚未深入到的自然界。而辩证唯物主义自然观所揭示的自然界还包括人类在实践基础上形成的"人化自然"，即被人的实践改造过并打上了人的目的和意志烙印的自然。恩格斯指出："在人类历史中即在人类社会的产生过程中形成的自然界是人的现实的自然界；因此，通过工业——尽管以异化的形式——形成的自然界，是真正的、人类学的自然界。"④ 这种人化的自然界的思想，与以往狭义的自然观念相比，强调了人的参与，是人类对于自然界认识的重大飞跃。

（三）辩证唯物主义自然观的重大意义

1. 辩证唯物主义自然观的创立，实现了自然观史上的革命性变革

辩证唯物主义自然观在吸收近代自然科学的研究成果的基础上，在更高

---

① 《马克思恩格斯选集》第1卷，人民出版社1995年版，第66页。

② 同上书，第128页。

③ 同上书，第167页。

④ 同上书，第128页。

层次上实现了向古代朴素唯物主义自然观的回归。它继承了古代自然哲学中关于自然界普遍联系和永恒发展的整体性观念，结合近代自然科学所提供的实证性依据，克服了古代朴素唯物主义自然观直观、思辨的局限性，实现了唯物论和辩证法的统一。

2. 辩证唯物主义自然观的创立，为马克思主义自然观的形成奠定了理论基础

辩证唯物主义自然观主张实践是自然史与社会史相统一的衔接点，人在劳动实践过程中，不但与劳动对象之间发生物与物的自然关系，并且与其他人之间发生人与人的社会关系。自然界和人类社会共同遵循辩证法的规律，恩格斯曾经指出："援引现代自然科学来证明辩证法在现实中已得到证实。"[①] 自然史是社会史的基础。

3. 辩证唯物主义自然观的创立，为自然科学的发展提供了世界观、认识论和方法论基础

对于科学研究者来说，世界观在其科学研究的过程中处于基础性地位，它是不可或缺的科学信念和预设，这会影响到他对于自然世界的认识，从科学问题的提出、科学事实的获取到科学假说的形成过程中，正确的世界观和认识论会发挥积极的推动作用，而错误的观念会产生阻碍作用。科学的研究中需要辩证的思维方式，牛顿蔑视它，故而"在晚年也热衷于注释《约翰启示录》"[②]，成为"虔诚的信奉正教的基督教徒"[③]；华莱士等人蔑视它，"竟似乎变成了从美国输入的招魂术和请神术的不可救药的牺牲品"[④]，因而应当提高辩证思维的能力。

4. 辩证唯物主义自然观的创立，为自然科学和社会科学的融合奠定了理论基础

辩证唯物主义自然观强调自然科学和社会科学的关联，它主张人类及其实践活动使得自然科学进入人的生活，因而与社会科学发生了关联。只有在人类社会发展的基础上去发展自然科学，才能使自然科学成为人的科学，因而马克思预言："自然科学往后将包括关于人的科学，正像关于人的科学包括自然科学一样：这将是一门科学。"[⑤]

---

① 《马克思恩格斯选集》第3卷，人民出版社1995年版，第691～692页。
② 《马克思恩格斯全集》第9卷，人民出版社2009年版，第442页。
③ 恩格斯：《自然辩证法》，于光远等编译，人民出版社1984版，第32页。
④ 《马克思恩格斯全集》第20卷，人民出版社1971年版，第389页。
⑤ 《马克思恩格斯全集》第42卷，人民出版社1979年版，第128页。

第二节 马克思主义自然观的发展

在20世纪自然科学和社会进步的基础上，马克思主义自然观得到了进一步的发展，系统自然观、人工自然观和生态自然观是马克思主义自然观发展的当代形态。系统自然观是根植于系统科学等现代自然科学理论、对自然界的存在方式和演化规律的概括和总结，人工自然观和生态自然观则代表了马克思主义自然观发展的两个阶段。人工自然观克服了天然自然观中对人的生存和作用的忽视，将自然界作为人类改造的人工自然界并加以考察，揭示了人工自然界的存在及其发展规律；生态自然观对自然界的认识则进入了更高的层次和阶段，它源于对人工自然的反思和对天然自然的重新认识，辩证统一了天然自然观和人工自然观，揭示了人与生态的辩证关系，在生态科学和系统科学的基础上，对人与自然的关系进行了概括和总结。

系统自然观、人工自然观和生态自然观都是马克思主义自然观的当代形态，分别是马克思主义自然观的本体论、认识论和方法论，它们都坚持人类与自然界、人工自然界与天然自然界、人与生态系统的辩证统一，只不过它们所研究的侧重点各有不同：系统自然观为正确认识和处理人与自然的关系提供了新的思维方式；人工自然观突出并反思了人的主体性和创造性；生态自然观站在人类文明的立场上，强调了人与自然界的协调发展。这三种自然观彼此相互关联：系统自然观通过系统思维方式，为人工自然观和生态自然观提供了方法论基础；人工自然观通过突出人的主体性和实践性，为系统自然观和生态自然观提供了认识论前提；生态自然观通过强调人与自然界的统一性、协调性关系，为系统自然观和人工自然观指明了发展方向和目标。

一、系统自然观

系统自然观是以相对论、量子力学、系统科学等自然科学理论为基础，概括和总结自然界系统的存在和演化规律所形成的总的观点。

（一）系统自然观产生的思想渊源和科学基础

1. 系统自然观的思想渊源

系统自然观虽然兴起于20世纪，但是系统思想和系统观念的产生却有漫长的历史，大致经历了两个历史阶段：古代朴素系统观念、近代辩证系统思想。

（1）古代朴素系统观念。不论是在中国还是西方国家，人类在认识自然和改造自然的过程中，逐渐产生了各种原始的系统观念。这些观念大多数都体现在古代朴素唯物论和辩证法思想之中，主要包括对整体、结构、等级、变化、联系、秩序等概念的认识，可概括为整体性观念、目的性观念、相互联系观念和变化发展观念，[①] 并且这些系统观念被广泛应用于政治、军事、工程等问题当中。

在中国古代的朴素辩证法中，蕴含了相当丰富的系统观念，主要体现在宇宙观、中医理论、农业生产、工程实践等多个方面，如在《老子》《易经》《孙子兵法》《黄帝内经》等古籍中所阐释的阴阳、无形、有无、八卦、经络、天人相应等思想。《易经》将自然界中的八种基本事物称为八卦（天、地、雷、风、水、火、山、泽），认为八卦是万物之源；《尚书·洪范》则把五行（金、木、水、火、土）作为构成万物的基本要素，这些古籍都将宇宙看作一个整体。老子认为，“天下万物生于有，有生于无。”他用有和无的对立统一来说明自然界的统一性，以及事物之间相互联系和相互制约的关系。《黄帝内经》则是古人将系统思想运用到人体生理和病理现象研究的一个典范，它主张将人看成自然的一个部分，把生理变化、自然现象、社会生活、思维情绪等多方面因素结合起来，从整体上研究人的生理和病理现象。《孙子兵法》将系统概念用到了军事理论当中，主张从敌我双方战争格局这个整体出发来研究战争规律。

古希腊哲学家的思想中也蕴含了很多系统观念，在他们对于事物的存在方式、运动状态等的论述中都渗透了整体性、复杂性和系统性的观念。在万物本原问题的研究中体现出了系统整体论的观点，泰勒斯的“水”、阿那克西曼德的“无限”、毕达哥拉斯的“数”、赫拉克利特的“火”、柏拉图的“理念”等，分别从不同的角度表现出整体性观念。在古希腊学者中，亚里士多德的思想集中体现了系统观念，他用“四因说”解释了事物的生灭变

---

① 颜泽贤、范冬萍、张华夏：《系统科学导论》，人民出版社2006年版，第21页。

化，他认为质料因构成了事物的基质，形式因构成了事物的结构，动力因构成了事物的建造，目的因构成了事物的缘由；他系统地论述了整体与部分之间的关系，提出“整体大于部分之和”的整体性思想，这是系统论中最基本的原则。

（2）近代辩证系统思想。近代自然科学在前两三百年中，以机械还原论的思路为主，即将整体划分为部分，将系统归结为元素，这是自然科学发展的必经阶段，但是忽略了系统的整体性。然而，系统思想却并没有因此而中断，莱布尼茨的单子论、康德的批判哲学、黑格尔的辩证系统观、马克思和恩格斯的唯物辩证法都是对系统思想的发展。

莱布尼茨的《单子论》中已蕴含了现代系统论中的诸多思想，它既强调了作为单纯实体的单子所具有的整体性和独立性，又强调单子之间的相互联系性和层次结构性，这其中包含了丰富的系统观念。康德的整体论、目的论中包含了比较完善的系统思想，他提出了系统的三大特性：第一，内在目的性，即系统的结构和功能适应于其内在目的；第二，自我建造性，即系统能够内在地扩充增大；第三，整体在先性，即系统整体先天地规定了其整体的内容和要素的位置。黑格尔的系统思想在系统论中具有十分重要的地位，直接影响到现代系统理论的形成和发展。他的系统论主要表现为有机进化整体观，其中包含整体性的两个基本原则：第一，有机原则，即整体和部分的关系类似于有机体中生命个体的整体与器官之间的关系，部分不能离开整体而独立存在。就像手从身体上割下来，虽然还可以叫作手，但实质上却不是手了。第二，进化原则，即有机体是不断运动、发展、进化的动态过程。

马克思和恩格斯批判性地继承了康德和黑格尔的辩证法及系统思想，在19世纪科学技术发展的基础上，创立了唯物辩证法，并将系统思想广泛运用于对社会活动、经济形态等多领域的分析与研究。马克思将系统思想用于社会经济形态的解释，他将社会经济形态视为一个大系统，这一系统由三个子系统即经济基础、上层建筑和社会意识形态组成；在《资本论》中，马克思将社会生产方式看作由四个独立要素构成的系统，即生产关系、分配关系、交换关系和消费关系，它们互相联系和作用构成了整个社会生产方式。恩格斯则用系统的观念来研究自然科学中的哲学问题，他认为整个世界的一切事物都处在相互联系、相互作用中，并讨论了世界的层次结构。

2. 系统自然观的科学基础

20世纪初，在化解物理学危机的同时，爱因斯坦、普朗克等科学家构建了以相对论和量子力学为代表的现代物理学体系。在物理学革命之后，涌现出了以系统论、信息论、控制论、突变论、超循环理论、协同学、混沌理论、分形理论为代表的系统科学，这些理论的提出为系统自然观的形成奠定了基础。20 世纪的科学革命影响深远，分别从宇观、宏观、微观三个层次深入揭示了自然界的本质和规律：以相对论为代表的宇观领域的科学革命；以量子力学为代表的微观领域的科学革命；以系统科学为代表的宏观领域的科学革命。

（1）相对论：宇观领域的科学革命。1905 年，爱因斯坦发表了论文《论动体的电动力学》，提出了狭义相对论，以相对性原理作为突破口，建立了全新的时间和空间理论，导出了时间延缓效应、尺缩效应、质能关系式、质增效应等结论。1916 年，爱因斯坦提出了广义相对论，他将只对于惯性系物理规律成立的原理称为狭义相对性原理，并进一步表述了广义相对性原理，即自然定律在任何参考系中都可以表示为相同数学形式；提出了等价原理，即在一个小体积范围内的万有引力和某一加速系统中的惯性力相互等效；提出了时空弯曲、引力红移、光线偏转三大预言。相对论的建立扬弃了牛顿关于时间和空间的绝对观念，指出时间和空间依赖于物质而存在，揭示了时间、空间和物质之间的辩证关系。

（2）量子力学：微观领域的科学革命。量子力学是研究微观粒子的运动规律的物理学分支学科，是近代物理学的基础理论之一。它是在旧量子论基础上发展起来的，包括普朗克的量子假说、爱因斯坦的光量子理论和玻尔的原子理论，1923 年德布罗意提出了物质波概念，1925 年海森堡和玻尔建立了量子理论中观点第一个数学描述——矩阵力学，1926 年薛定谔建立了波动力学，1948 年费曼创立了量子力学的路径积分形式，这些发现揭示了微观客体中的规律、量子世界的概率随机性，从而改变了经典物理学中的严格决定论，推动了对人与自然之间的关系、主客体关系等问题的探讨。

（3）系统科学：宏观领域的科学革命。系统科学是以系统为研究对象和应用对象的一类新兴学科群，它着重考察各类系统的关系和属性，揭示其中的规律，探讨系统的理论和方法。从广义上来说，系统科学包括 20 世纪中叶以来的系统论、信息论、控制论、耗散结构论、协同学、突变论、运筹学、模糊数学、物元分析、泛系方法论、系统动力学、灰色系统论、系统工程学、计算机科学、人工智能学、知识工程学、传播学等一大批学科，也包括 20 世纪后期兴起的相似论、现代概率论、超熵论、奇异吸引学，以及混沌理论、紊乱学、模糊逻辑学等。系统科学将各种新兴学科综合统一起来，具有严密的理论体系，既反映了现代自然科学中综合化和总体化的发展趋势，也为现代社会中政治、经济、军事、文化等领域的各种复杂问题提供了方法论依据。

（二）系统自然观的基本概念及基础理论

从词源学来讲，“系统”一词源于拉丁语“systēma”，它来自希腊语“σὺστημα”（systema），表示结合的意思，而“σὺστημα”又是由同是希腊语“σὺνιστανα”（synistanai）衍生而来的，是由意为“共同”的“σὺν”（syn）和意为“制定、建立”的“Ἵστημι”（histemi）组合而成的动词。中文翻译表现出了这一特征，“系”表示构成系统的诸要素之间相互联系、相互作用的关系，“统”表示诸要素之间组成了一个统一的整体，因此，所谓系统，就是相互联系和相互作用着的要素的统一整体。贝塔朗菲在一般系统论中，将“系统”定义为“处于一定的相互关系中并与环境发生关系的各组成部分（要素）的总体（集合）”①。

1. 自然界的物质系统

何为自然界？对于这一概念，有狭义和广义之分。从狭义上说，自然界仅仅是指天然自然，即人类世界产生之前的自然界和人类活动尚未深入到的自然界；从广义上说，自然界还包括人工自然，即经过人类实践改造了以后的自然界。不论是狭义的用法还是广义的用法，自然界都是由各种不同形式的物质客体和物质系统所组成的统一有机体。恩格斯说：“我们所面对的整个自然界形成一个系统，即各种物体相互联系的总体，而我们这里所说的物体，是指所有的物质存在，从星体到原子，甚至直到以太粒子，如果我们承认以太粒子存在的话。”② 整个自然界是一个系统，并且自然界中的客体本身也是一个系统，是由自身的组成要素相互联系和相互作用的整体。

近现代自然科学的各种成果证明了自然界的系统性。例如，天文学研究证明宇观世界是一个系统，它是由恒星、行星、小行星等组成要素通过引力相互作用、核相互作用、电磁相互作用形成的系统。物理学和化学研究证明宏观世界也是系统，所有的物质形态，不论是固态、液态、气态或者超固态等，都是由与原子、分子等组成要素通过电磁相互作用等方式形成的系统。不仅天然自然如此，人工自然亦是如此。计算机是由各种基本元件按照一定的电路连接而成的系统，而各种基本元件也是一个子系统，由更基本的组成

---

① ［美］L. V. 贝塔朗菲：《普通系统论的历史和现状》，载中国社会科学院情报研究所编译《科学学译文集》，科学出版社 1981 年版，第 315 页。

② 《马克思恩格斯选集》第 3 卷，人民出版社 1995 年版，第 347 页。

要素，例如电阻、电容等元件组成。

前文中提到了贝塔朗菲对“系统”所下的定义，这个定义揭示了系统概念的四个要点：第一，系统是由各种要素组成的，要素是构成系统的组成部分；第二，系统中诸要素之间相互联系和相互作用，形成了一定的结构；第三，系统中诸要素通过某种方式组成了一个统一的有机整体；第四，系统作为一个整体与环境之间发生相互作用。这四个方面分别对应了系统的组成、系统的结构、系统的环境和系统的功能，任何一个自然系统都能够从四个基本的方面来描述。

（1）自然系统的组成。所谓系统的组成，指的是系统各个部分的集合，每一个部分都是系统的组成要素。例如，细胞是由细胞膜、细胞核和细胞质组成的集合，细胞膜、细胞核、细胞质就是细胞的组成要素。水分子是由两个氢原子和一个氧原子组成的集合，因此氢原子和氧原子是水分子的组成要素。系统的组成要素当中存在多个不同的层次。例如，一条河流是一个自然系统，它的第一层组成是构成河流的水分子；但水分子又是氢原子和氧原子组成的，所以这条河流的第二层组成是各种原子；而原子是由原子核和电子组成的，因此原子核和电子是第三层组成要素；原子核由质子和中子组成，质子和中子则是这一河流的第四层组成要素。对于一项具体的研究活动而言，它所关注的往往是一个特殊的过程和领域，因此常常会连续研究多个层次，但有一个基本的层次尤其重要，通常称为基本组成，基本组成是一个学科研究的逻辑起点。例如，在化学研究中，需要研究的是物质、分子、原子、电子等层次，其中分子、原子是基本组成；在生物学研究中，需要研究的是群体、个体、细胞、亚细胞等层次，细胞是基本组成。

（2）自然系统的结构。对于一个自然系统而言，它并不是由其组成要素毫无关联地堆砌而成，而是由这些组成要素相互联系和相互作用而构成的一个系统。系统的各种要素之间会彼此改变对方的状态或行为方式，从而发生了相互作用。现代自然科学研究表明，自然系统的组成要素之间会通过交换物质、交换能量、交换信息等方式而发生相互作用。例如，原子核中的质子和中子通过交换介子而发生相互作用，物体之间的电磁作用是通过交换光子而实现的。系统的结构就是系统的组成要素相互联系和相互作用的总和，它构成了系统内部相对稳定的结合方式。例如，分子结构就是分子内部的原子通过价键的相互作用而构成了原子的结合方式；社会的经济结构则是由与生产力相适应的生产关系所构成的总和。

（3）自然系统的环境。系统的环境是指与系统的组成要素发生相互联系和相互作用的、系统外部的所有事物的总和。系统的环境具有两个特点：第一，会与系统的组成要素发生相互作用。第二，不属于这个系统。有机体的环境包括所有与它发生相互作用的事物，如阳光、水分、空气、其他有机体等，这些事物会与有机体的这个自然系统发生相互作用，但是自身并不属于这个有机体的系统。环境与系统之间之所以会发生相互作用，是因为环境往往处于该系统的上一层次的系统，例如，有机体的某个器官的环境就是这个有机体的其他器官，其他器官虽然不属于该器官的系统，但是它们同属于更上一层次的系统。因而，环境和系统之间的作用与一个系统的诸要素相互作用的方式一样，也是通过物质、能量、信息的交换而完成的。

（4）自然系统的功能。自然系统的功能是指系统与外部环境的相互关系所表现出的系统总体的特性、能力和作用的总称。系统的功能能够体现为与外部环境之间发生物质、能量和信息的输入与输出的关系，输入是指外部环境对系统的作用，输出是指系统对外部环境的作用。

2. 自然界等级层次结构

自然界具有复杂的层次结构，这是系统论中整体与部分关系的具体体现。一方面，从整体上来说，处于某一层次上的特定系统，在更低的层次是由它的组成部分构成的，而这些组成部分本身也是一个系统，我们常常将它称为“子系统”（subsystems）。另一方面，倘若从处于某一个特定层次的系统往上看，那么它会与其他系统相互作用而产生性质不同的新系统，通常称这个系统为“母系统”（supersystems）。例如人体系统可以分为运动系统、消化系统、呼吸系统、泌尿系统、神经系统等多个子系统，而每一个子系统又由其他更低层次的子系统构成，如运动系统由骨、关节和骨骼肌组成，消化系统由消化道和消化腺组成；而对于消化道或消化腺来说，消化系统是它的母系统。任何一个系统，既可以向上追溯它的母系统，也可以向下追溯它的子系统，从而产生无限多样的物质形态。

（1）自然界的物质层次。自然界究竟是由哪些物质层次构成的呢？这里存在多种划分的方式。按照研究领域，可以将自然界划分为三个层次：微观世界层次、宏观世界层次和宇观世界层次。所谓微观世界层次，是指从基本粒子到分子的物质系统；宏观世界层次，是指从布朗微粒到地面上的物体以及行星、卫星等物质系统；宇观世界层次，是指恒星以上、依靠万有引力等作用力的相互作用的物质系统。按照辩证唯物主义的观点，运动是物质的存在形式，因此物质层次还能够按照物质运动形式来划分。恩格斯曾经区分了五种基本物质运动形式：机械运动形式、物理运动形式、化学运动形式、生物运动形式和社会运动形式。这种关于运动形态分类的方式是正确的，不过随着现代科学的不断发展，机械运动并不被认为是一种独立的运动形式，因而自然界从低级到高级可归结为四种运动形式：第一种是物理运动形式，它分别包括微观、宏观和宇观物理运动形式，夸克、基本粒子、原子、分子等运动属于微观物理运动形式，由微观粒子所组成的物体空间位移，以及电、磁、光、热等属于宏观物理运动形式，恒星、行星、星系等属于宇观物理运动形式，每一种不同形式的运动遵循不同的物理定律；第二种是化学运动形式，它包括原子、分子体系中原子之间的电磁作用，从而引起外层电子重新组合而形成原子的化合与分解；第三种是生命运动形式，它在化学变化的基础上产生了蛋白质、核酸多分子体系，以及由此组成的细胞、个体等，通过这些要素之间的相互作用，以及有机体同化异化、遗传变异等方式，构成了生命运动形式；第四类是社会运动形式，它是由人类这一种群通过生产方式和社会形态的运动所产生的社会系统。这几种运动形式是由它们的物质承担者按照时间先后顺序由低级到高级逐渐发展的，呈树形结构：从物理运动形态发展出化学运动形态，而物理运动形态继续向前发展；从化学运动形态中又发展出了生命运动形态，而化学运动形态继续发展，以此类推。

（2）物质层次中的规律与关系。不论是整个自然界还是自然界中的某个系统，层次结构都是普遍存在的。对于不同的领域和种类的事物，它们的层次结构是不同的，然而，在它们之间存在着一些一般的规律性，高低级物质层次之间也存在着统一的关系。

1）物质层次结构的三大定律。

定律一：在自然界中，一定的物质结构层次与一定的能量状态是相适应的，当外加给系统的能量超过一定的值时，系统的层次就会发生突变，导致旧层次的消失和新层次的产生。恩格斯在《自然辩证法》中提到："新的原子论和所有以往的原子论的区别，在于它不主张物质知识是非连续的，而主张各个不同阶段的各个非连续的部分（以太原子、化学原子、物体、天体）是各种不同的关节点，这些关节点决定一般物质的各种不同的质的存在形式。"[①] 这里所说的"关节点"即一定量的值，在这个值域之内，系统的变化是连续的，一旦超过这个"关节点"，系统就会从一个层次突变到另一个层次。

定律二：自然界中一定层次的物质系统的尺度与它的组成要素之间的结

① 《马克思恩格斯全集》第20卷，人民出版社1971年版，第637页。

合能呈反比关系。物质系统的每一个层次都有一定的结合能，当外加能量在数值上大于这个结合能时，系统就会分解，显露出内部的组成成分，即更深一层次（更低一层次）的物质单元。继续加能，物质系统就会像洋葱一样被一层层剥开，系统的尺度变小了。相反地，倘若不断减能，物质层次就会被另一层次所复合，作为结构成分和从属要素，故而，层次越低，尺度越小。例如生物个体的尺度一般在 10^{-1}～10^{4} 厘米之间，细胞的尺度在 10^{-4} 厘米左右，病毒的尺度在 10^{-6}～10^{-5} 厘米，分子的尺度为 10^{-7}～10^{-5} 厘米，原子是 10^{-8}～10^{-7} 厘米，原子核是 10^{-13}～10^{-12} 厘米。尺度越小，结合能就越大。当我们一层一层往里剥的时候，每更进一层所需要的能量都会比外层所需能量更大。这是必然的情形，否则的话，对于一个物质层次 S_2 来说，当外加能量大于它的结合能，就会显露出更深一层次的系统 S_1，倘若层次 S_1 的结合能小于 S_2 的结合能的话，那么 S_2 显露出内部结构之前，S_1 就已显露出它的内部结构，这就出现矛盾了，S_2 不能被看作一个整体了。

定律三：物质形态的多样性与丰度成反比。自然界遵循由低级到高级、由简单到复杂的发展过程，自然系统的物质层次越高，结构功能越多样化，但这一层次系统在宇宙中的丰度越少。例如，在原子层次系统的种类只有 108 种，而分子则有 700 多万种，在地球中生存过的有机体的种类约有 10 亿种。所以，在自然界的物质系统中，低级层次系统和高级层次系统的比例类似一个金字塔式的分布。

2）高低级物质层次之间的关系。对于自然界的物质层次理论来说，高级层次和低级层次之间的相互关系是一个重要问题，可以从两个方面来概述这种关系：

第一，三种有关层次之间关系的理论：还原论、依随论和突现论。还原论是 20 世纪之前的主导思想，主张将高级运动形式还原为低级运动形式，用低级层次的规律来解释高级层次的现象。还原论的基本哲学思想便是化繁为简，将复杂的系统、现象化约为各个组成要素的结合。这对自然科学产生了极大的影响，根据还原论的方法，世界图景展现出前所未有的简单性，继而产生了以还原论为基础的科学统一的理想模型，即不同的科学分支所描述的是自然界的不同物质层次，可以从高级层次到低级层次逐渐还原，例如认为生物学能够还原为化学，化学能够还原为物理学，等等，物理学被认为是关于实在世界的最基本的科学，这种统一性的目标甚至影响到了社会科学领域，例如，有人认为政治学能够还原为社会学，社会学能够还原为心理学，心理学能够还原为生物学，等等。还原论在近代科学发展的早期确实发挥了巨大的作用，揭示了自然界各层次之间的联系，但是，层次之间毕竟存在质的区别，倘若忽视各层次的独特特征，简单地用低级层次的规律来替代高级层次的规律，那么很容易犯机械论的错误。

最近几十年来，出现了另一种描述层次之间关系的理论——依随论，这一思想最初源于美学和伦理学领域。1952年，英国哲学家黑尔（R. M. Hare）在《道德语言》中用“依随性”来形容一个人的道德问题与他的心理素质和行为方式之间的关系，他认为，如果两个人在心理素质和行为方式上完全相同，那么没有理由认为一个人是善的，另一人不是善的，因而道德依随于个人的自然特征。再如，有两幅油画，如果它们在物理属性上没有区别，那么我们能够说它们在美学上有区别吗？如果不能，那么我们认为美学属性依随于物理属性。如今，依随性已广泛应用于描述高低层次之间的各种关系，如心理属性与以神经元活动为代表的物理属性之间的关系等。总的来说，高层次的属性A依随于低层次的属性B主要包含以下几种关系：①协变。A中的变化与B中的变化有关。例如，当物质的化学属性发生改变时，它在低层次如分子、原子层次必定发生了改变。②依赖。A依赖于B。③决定。A是由B中的因素及其相互作用所决定的，高层次的属性依赖于低层次的活动，是由低层次的组成要素及其相互作用决定的。④非还原性。A依随于B、由B决定，但又有独立性。⑤非二元性。有独立性并不代表绝对的独立性，A、B都在物理世界之中。①

高低层次之间的依随性关系描述实际上是对还原论的弱化，同时也支持了自然系统的整体突现思想。突现论与依随论都试图在二元论和还原论之间寻找一条出路，既不同意二元论，仍然承认物理的东西才是最基础的，但又不赞成还原的方式。但突现论相对于依随论而言，更为强调的是突现属性的不可预测性，或者说新颖性、独立性，即在突现出现之前，即使我们对它的组成成分的所有性质和规律都了解得非常清楚，也不能预测出突现后会出现什么样的现象或属性。虽然高层次依赖于低层次，一种突现属性出现之后仍然要以低层次为基础和载体，但是，高层次一旦出现，与低层次之间就会出现本质上的差异，形成新的相互作用和结构、新的实体、新的规律和新的属性。例如，从分子、原子层次突现出了生命层次，产生了新的实体——蛋白质与核酸的多分子体系，进而产生了细胞，出现了低层次所不具有的新规律——遗传变异规律，生存竞争与自然淘汰规律，等等，这些实体、规律、

① 参见高新民《意向性理论的当代发展》，中国社会科学出版社2008年版，第694页。

属性都不能归结为组成要素的简单总和。

第二，层次之间的因果关系。高低层次之间存在着两种不同的因果关系：上向因果关系和下向因果关系，上向因果关系是指低层次系统对高层次系统的解释作用和根源作用，下向因果关系是指高层次系统对低层次系统的支配作用和限制作用。

上向因果关系在各种科学理论对自然现象的解释中非常普遍，即用低层次系统的运动形式来解释高层次系统的结构、属性。高层次系统的结构、实体、规律和属性都是由低层次系统的活动突现出来的，科学家揭示了质子如何能够转变为碳，碳原子又如何与其他原子在恰当的条件下相互作用、发生突变，产生了有机分子，分子如何进一步突变成细胞，从而产生生命。高层次系统出现之后，虽然具备独立性，但是仍然依赖于低层次系统的活动，这时低层次系统作为高层次的组成要素维系着整个系统的运作。对于科学来说，只有从低层次上解释一个现象的产生机制和物质载体，才能暴露出这一现象所产生的本质和根源，这种解释才是一个合理的解释。正是因为我们了解了分子化学结构对于生命层次的上向因果关系，我们才能揭示遗传、变异等各种生命现象的本质和机理。

高层次系统从低层次系统中突现出来之后，对于低层次系统会产生影响和支配。不论在自然界中还是人类社会，这种因果关系都是非常普遍的。例如，在自然界中，温度的变化在无生命体和有生命体中是完全不同的，在无生命体中，温度可以从零下 273 摄氏度到几十亿摄氏度的区间发生变化，但在有生命体中，热的运动受到了严格的限制和调节，例如动物的体温在一个限定的区间内，有自我调节功能。在人类社会当中，这种支配作用也非常显著，社会是由个体的人所组成的系统，个体的行动受到各种社会规律的制约和支配。

3. 自然界的演化发展

“演化”一词与“变化”和“进化”有明显的差异，变化是指事物状态的改变，有可逆变化和不可逆变化之分；演化是指不可逆的变化；“进化”一词与“演化”同源，都源于英文“evolution”，进化是指事物从低级到高级、从无序到有序的上升式的演化，所以，演化是变化的子集，而进化是演化的子集。

（1）自然界的演化过程。中国古代思想家老子提出了“道生一，一生二，二生三，三生万物”，这是一种朴素的演化思想。十八九世纪之后，随着康德的《宇宙发展史概括》、达尔文的《物种起源》以及其他一些自然科学的发现，自然界不断演化发展的图景逐渐被揭开。

1）宇宙的起源和演化。宇宙包罗万象，就目前科学所观察到的而言，包括范围约为200亿光年的整个自然界。关于宇宙的起源，目前主流的思想是美国物理学家伽莫夫在1948年提出的大爆炸假说，主要观点是：一方面，宇宙在不断地膨胀，另一方面，宇宙的温度经历了从热到冷的过程。这一学说解释和预言了很多观测事实，如星系的谱线红移、氦丰度、大爆炸的残留辐射等现象，但也出现了很多无法克服的理论困难，如平度问题、视界问题等，导致了暴胀宇宙论、宇宙弦理论和真空相变等理论的提出。按照这些理论，宇宙起源于一个超高温、超高密的“奇点”，经过瞬时的大爆炸膨胀而成。宇宙的起源和演化经历了如下几个阶段：“实时空”形成阶段，基础粒子形成阶段，辐射阶段和核形成阶段，实物阶段。

2）地球的起源和演化。地球是在太阳系形成的过程中产生的，康德和拉普拉斯提出了“星云说”来说明太阳系的形成，基本观点是：太阳系是由炽热气体在缓慢旋转的星云中形成的，气体逐渐冷却收缩，自转加快，在星云边缘，离心力超过引力时逐渐分离出许多圆环，圆环由于物质分布不均而收缩成为行星。地球形成至今，大约有46亿年，它的演化大致上经历了以下两个阶段。

第一阶段：地球内部圈层的形成和演化。地球在早期可能是一个部分海洋和陆地的同质混合体。伴随着压缩效应、冲击效应和放射性衰变，温度上升，从而发生物质分异，密度大、熔点低的物质（如铁、镍元素）开始下沉，形成地核；密度小、熔点高的物质（如硅酸盐）上浮形成地壳；介于两者之间的物质形成地幔。

第二阶段：地球外部圈层的形成。地球外部圈层包括大气圈、水圈和生物圈，它们自成系统，又互相渗透，推动整个地球的演化。由于地球重力的作用，大量气体从地面放出，进入地球上空，形成了原始的大气圈，主要包括一氧化碳、二氧化碳、水蒸气等成分。由于太阳光对水的光解作用，原始大气中产生了氧气，从而通过氧化作用而逐渐形成了以氧和氮为主要成分的现代大气圈。随着温度的下降，地球上空的水蒸气凝结成水滴，在重力作用下，形成了降雨，这就是原始水圈。水圈和大气圈的形成，使地球生命产生，并迅速由低级向更高级进化，而形成了生物圈。

3）生命的起源和生物的进化。生命起源是指从非生命物质演化成生命物质的过程，历史上比较具有代表性的理论有“自然发生论”“天外胚种说”和“化学起源说”。“自然发生论”主张生命是从非生命物质中直接转化而来的；“天外胚种说”认为宇宙中存在生命胚种，依赖光压在星际中游动，如果落到某个行星上，就会产生生命；随着有机化学和生物进化论的发展，更多的人则赞同“化学起源说”，即地球上的生命是通过漫长的化学途径，逐渐由非生命物质演化而来的，这其中分为四个阶段：第一阶段是从无机小分子到有机小分子，第二阶段是从有机小分子到有机高分子物质，第三阶段是从有机高分子物质到多分子体系，第四阶段是从多分子体系到原始生命。原始生命出现以后，生命的进化大致可分为三个时期：从非细胞到细胞，从单细胞到多细胞，从水生到陆生，直到人类出现。

（2）自然界演化发展的特征。自然界在演化发展的过程中，具有一些普遍性特征，包括自然演化过程的不可逆性和自然演化的自组织性。

1）自然演化过程的不可逆性。可逆变化和不可逆变化是自然演化中的两个重要概念。可逆变化是指事物状态发生改变的过程能够反转，系统的环境也能够回复到原初的状态。可逆变化在自然界中很普遍，例如，单摆运动中的小球在位置和速度上能够不断回到原来的状态，在卡诺循环中，系统经过四个状态：等温吸热、绝热膨胀、等温放热、绝热压缩，之后又回到初始状态。相反，不可逆变化是指事物状态发生变化的过程不能反转，系统的环境也不能回复到原初的状态。不可逆变化在自然界中也很普遍，例如，热力学第二定律表明热量总是从高温热源流向低温热源，但不会自发地从低温热源流向高温热源。各种化学反应、功热转换等都是不可逆的变化。对于可逆变化来说，过去和未来没有什么区别，而对于不可逆变化来说，过去和未来是不同的。

自然界中所发生的过程是不可逆的，不可逆是无条件的、绝对的，可逆是有条件的、相对的。虽然在自然科学的很多领域，例如电动力学、经典力学、量子力学中存在大量用可逆物理方程来描述世界，但这实际上只是一种理想过程，是对自然现象极度简化的产物。自然发生过程的不可逆直接导致了过去和将来的区分，这就是“时间之矢”的问题。

一直以来，时间观都是充满争议的，尤其是时间的方向性问题。这里存在两个问题：首先，时间有没有方向性？其次，如果时间有方向性，时间箭头的指向是怎样的？对于第一问题，牛顿把时间作为一个外在的参数，作为运动的外在尺度，在这种绝对时间观念当中，时间没有方向性，而仅仅是量的一种规定。而热力学和进化论等更多的相关研究对牛顿的时间观提出了挑战，表明时间具有方向性，那么时间的方向究竟是怎样的？至今人类发现了至少五种“时间之矢”：热力学和统计力学中的时间之矢，生物进化论中的时间之矢，电磁学中电磁波传播方向的时间之矢，量子力学中原子自发辐射的时间之矢，以及宇宙学中宇宙膨胀的时间之矢。在这几种时间之矢中，最有影响力的讨论是热力学中退化的时间观和进化论中进化的时间观之间的争论。

退化的时间观源于热力学第二定律，即不可能把热从低温物体传到高温物体而不产生其他影响，或不可能从单一热源取热使之完全转换为有用的功而不产生其他影响。德国物理学家克劳修斯在1850年提出了一个很重要的概念“熵”（entropy），用来表示任何一种能量在空间中分布的混乱程度，能量分布得越混乱，熵就越大。一个体系的能量完全均匀分布时，这个系统的熵就达到最大值，因而，热力学第二定律也称为“熵增定律”，即在孤立系统中，熵总是自发趋于增大，也就是说，自然界是自发地由有序到无序的退化过程。

“熵”的概念继而从热力学领域传递到了其他领域，例如控制论、概率论、数论、天体物理、生命科学、信息论等，并产生了深刻的影响，克劳修斯甚至将热力学第二定律推广到了宇宙的演化，他认为整个宇宙势必都遵循熵增原理，那么，随着熵不断增大，宇宙中一切的运动形式，如物理运动、化学运动、生命运动等，最终都会转化为热运动形式，而根据热力学第二定律，热总会自发地从高温热源流向低温热源，直到温度处处相等，所以宇宙最终会达到热平衡状态，这个时候宇宙中的熵达到了极大值。宇宙到了这个状态之后，就再也不会发生任何种类的能量转化了，宇宙最终就会在一片热平衡中陷入死一般寂静的永恒状态。

然而，就在克劳修斯提出熵增定律之后不久，达尔文发表了《物种起源》，引发了时间之矢的另一番讨论。达尔文用自然选择学说解释了生物的进化，揭示了生物进化是一个由简单到复杂、由低级到高级、由无序到有序的过程，单细胞结构逐渐被淘汰，演化为更为复杂的多细胞结构，这是一个熵减的过程，与热力学第二定律所揭示的自然图景完全不同。拉兹洛描述了这一局面：“经典热力学和达尔文生物学确定的进化过程同经典物理学冲突；它们二者又互相冲突。经典热力学和达尔文生物学发现的单向过程并不吻合，在经典热力学中，‘时间之矢’朝下，趋向无组织状态和随机性；相反，在达尔文生物学中‘时间之矢’朝上，趋向于在一定结构和功能方面的组织性的更高层次。”[①] 两种不同的原理导致了一个问题：生物学中的

① ［美］拉兹洛：《进化——广义综合理论》，闵家胤译，社会科学文献出版社1988年版，第24页。

“时间之矢”与热力学中的“时间之矢”如何共存？

如果说“熵”是热力学“时间之矢”的表征，那么生物学“时间之矢”应该用什么来表征呢？薛定谔在《生命是什么》中提出了“负熵”的概念来回答这一问题，“负熵”是和熵反向的量度，熵越大，负熵越小；熵越小，负熵越大。薛定谔认为，自然界发生的每一件事都是一个熵增的过程，生命体也是如此，这意味着生命体在不断增加它的熵，当到达熵的最大值时，就是死亡。而生命体要摆脱死亡，唯一的办法就是从环境中不断地吸取负熵，所以生命就是“吸取负熵而抵消熵”。“负熵”的提出为解决热力学与生物学中“时间之矢”的矛盾提供了一条可能的思路。1871 年麦克斯韦提出了“麦克斯韦妖”，推进了这一思路，麦克斯韦提出了一个假说：将一个充满了等温气体的封闭容器分为 A 和 B 两个部分，中间有一个闸门可开。这个闸门由一个“小妖”控制，它会让运动速度较快的分子从 A 进入 B，让运动速度较慢的分子由 B 进入 A，这样 A 部分的温度就会降低，B 部分的温度就会升高，这一温度差意味着熵的减少。“麦克斯韦妖”虽然只是一种设想，但引发了不少科学家浓厚的兴趣，他们思考的问题是：分子运动在微观上有差异（速度），能否发现一种机制（“小妖”）将这种微观上的差异转变为宏观上的差异（温度）？从薛定谔到麦克斯韦等科学家对此问题的探讨揭示了从热力学第二定律到“热寂说”是一种错误的外推，忽略了宏观世界和宇观世界的差异，忽略了自然相互作用的多样性，不能将宏观世界的规律直接推广到宇观世界。1969 年普利高津提出了一种解决方案，他认为在不违反热力学第二定律的前提下，自然系统可以通过自组织过程从无序演化成有序，无序和熵增是封闭系统运行的方向，能够对抗这一方向的关键在于开放，即把宇宙理解为一个远离平衡态的开放系统，能够与外界环境发生物质、能量和信息上的交换，从而增加负熵，抵消系统内部的增熵。

2）自然演化的自组织性。自组织是自然界物质系统有序化的过程，是系统从无序到有序、从低序到高序的转化途径。这一定义涉及几个基本的概念：序、有序和无序。广义上的序表现为空间结构和时间过程的某种规律性，更具体地说，是系统组成要素之间的相互联系，以及这些联系在时空中的表现。无序是指系统组成要素间无规则的排列、组合或运动、变化，例如，一盘散沙、漫天乌云、布朗运动等。有序是指系统组成要素间有规则的排列、组合或运动、变化，例如，行星的轨道、原子的结构、电子的能级等。当然，无序和有序都是相对而言的，只有程度之分。

有序和无序的范畴与对称和破缺的范畴有密切的关系。对称是指在一定变换下的不变性。例如，正方形具有四种翻转不变性，而长方形则只有两种翻转不变性。最高的对称性就是在一切变换下都不变的状态。与对称相反，破缺是指在一定变换下的可变性。一般人很容易将对称看成有序，将破缺看作无序，实际上恰恰相反。对称性越强，表明物质和能量在时空中的分布越均匀，在对称性最高的世界是不存在任何秩序和结构的，就像在大爆炸之前，宇宙处于混沌状态，在空间中无所谓上下、前后和左右，在时间上也无所谓过去和将来，一切都是完全对称的，这是一种混沌和无序的状态。反之，对称性越弱。实际上对应着系统的有序状态，复杂性和层次结构正源于对称性的破缺。宇宙的演化，从最初混沌的状态到各种星系的形成、地球以及人类的出现，是一个从完全对称到对称性逐渐破缺的过程。对称性逐渐降低，而有序程度却逐渐提高。因而，自然界演化的过程实际上就是不断发生对称性破缺的过程。

自然系统从有序到无序的转化过程实际上是一个组织的过程，组织分为两种不同的形式："被组织"和"自组织"，结构和功能是由外界作用所决定的系统是"被组织"的，结构和功能不是由外界作用所决定的系统是"自组织"的。在自然系统自组织的过程中，表现为某种结构的产生，结构有两种形式：平衡结构和耗散结构。平衡结构是一种"死结构"，它是一个孤立的系统，与环境之间没有物质和能量的交换，靠分子间的相互作用来维持。耗散结构是非平衡结构，是一种"活结构"，它与环境之间必须不断发生物质和能量的交换才能够形成和延续。耗散结构广泛存在于自然界的各个领域。平衡结构可以理解为一种时间对称的空间结构，耗散结构可以理解为一种时间对称破缺的、作为一个过程展开的演化结构。下面以耗散结构理论为基础，具体解释自组织结构的条件和机理。

第一，开放是耗散结构形成的先决条件。根据系统和环境之间的关系，可以将系统分为三种不同类型：孤立系统、封闭系统和开放系统。孤立系统是指不受环境影响的系统，与环境之间没有任何物质和能量的交换。封闭系统是指与环境没有物质交换却有能量交换的系统。开放系统是指与环境既有物质交换也有能量交换的系统。耗散结构系统的产生和延续必须以开放系统为先决条件，否则，一旦系统与环境没有物质和能量交换，就不能产生和维持有序结构，更没有进一步的演化。

第二，非平衡态是耗散结构形成的力量源泉。平衡态和非平衡态是热力学中的两个概念，与广义流和广义力相关，当广义流和广义力为零时，就是平衡态，当广义流和广义力都不为零时，就是非平衡态。系统只有处于非平衡态时，才有内在的宏观差别和流动，才能有随机涨落，这是自然演化的前提。非平衡的程度与系统的开放程度相关，系统越开放，环境对于系统的约束力就越强，那么系统离平衡态距离就越远，序得以产生的动力就越大。所以，普利高津认为："非平衡是有序的源泉。"①

第三，非线性是耗散结构形成的根本依据。自然系统内部各元素的相互作用有线性和非线性之分，在系统演化的过程中，复杂的非线性相互作用比简单的线性相互作用更具重要作用，两者之间的差异在于独立性和相关性、单一性和多样性上的区别。对于线性相互作用而言，系统各要素之间是相互独立的，当作用于同一个对象时，结果表现为每一个要素单独特性的简单叠加，此外，各要素相互作用在任何情形下都会以同一形式表现出来，这就决定了线性相互作用使得系统不可能产生新质，同时，系统的整体性也不会改变组成要素的性质。对于非线性相互作用而言，系统各要素之间相互关联，这种作用关系不是各要素的简单叠加所能说明的，并且相互制约而形成一个新的整体。

第四，涨落是耗散结构形成的触发因子。当自然系统处于远离平衡态的非线性区时，系统从无序向有序的转化是系统内部各组成要素或子系统之间的非线性相互作用与系统内的涨落共同作用的结果。因此，普利高津说："在非平衡过程中……涨落决定全局的结果"，"通过涨落达到有序"。② 涨落是指在某个时刻对系统状态统计平均值的偏离，例如，原子的受激跃迁和自发辐射，流体中液滴的随机运动，等等，它是由系统中大量微观元素的不规则运动或环境不可控的干扰引起的，具有随机性和不可预言性的特征。当系统处于平衡态或附近区域时，系统各组成要素之间的相互作用是线性的，涨落是衰减的，对系统状态不能产生大的影响。而当系统远离平衡态时，系统各组成要素之间的相互作用是非线性的，微小的涨落会使系统状态发生微小变化，并且这种变化会通过非线性的反馈机制被放大，而使系统跃迁到有序状态。在系统当中，涨落并不是唯一的，而是存在不同性质的涨落，这也导致系统演化的过程产生分支，系统最终会沿着某一条分支向前发展，这是由系统内部的选择机制和外部的环境共同决定的。

---

① ［比］普利高津等：《从混沌到有序》，曾庆宏、沈小峰译，上海译文出版社 1987 年版，第 228 页。

② 同上书，第 3 页。

二、人工自然观

“自然”一词主要有两个含义，“它或者是指事物及其所有属性的集合所构成的整个系统，或是指未受到人类干预按其本来应是样子所是的事物”①，后者是指天然自然，前者不但包括天然自然，还包括人工自然。长期以来，在以往的自然观中往往忽视人的作用，而仅仅关注自然界本身的问题，这是一种天然自然观。随着近代科学技术和工业的蓬勃发展，人类已经创造出一个不同于天然自然的人工自然界，人工自然观正是在此背景下产生的。人工自然观是以现代科学技术的成果为基础、关于人类改造自然界的总的观点，包括对于人工自然界的存在和发展规律以及人工自然与天然自然的关系等问题的概括和总结，是马克思主义自然观的当代形态之一。

（一）人工自然观的思想渊源和科学技术基础

1. 人工自然观的思想渊源

（1）古代人工自然观思想。不论在中国还是西方，人工自然的思想萌芽都可以追溯到古代。古希腊哲学家柏拉图在《理想国》中，从理念中的床、工匠制造的床和画家画的床三个方面论述了“床”和“人工产品”的概念；亚里士多德在《物理学》中讨论了“人工产物”及其与自然物的区别。中国古代思想家荀子提出“制天命而用之”的“勘天”思想，强调了人的主观能动作用②。此外，先秦文献《尚书·皋陶谟》中的“天工人其代之”、《考工记》中的“百工”（制造器具的工匠）、宋应星在《天工开物》中所说的“百货”（农业和手工业的产品）、黄庭坚的诗句“天工戏剪百花房，夺尽人工更有香”中的“人工”（人类创造自然的能力）概念都蕴含了人工自然观的思想。③

（2）近代人工自然观思想。英国近代著名哲学家培根在《新工具论》中提出“人为事物”的概念；霍布斯将物体划分为两种不同类型：自然物体和人工物体，并认为人同时属于自然物体和人工物体；康德提出“人为自然立法”的思想，突出了人类在自然界的中心地位；黑格尔论述了改造

① 转引自刘大椿《自然辩证法概论》，中国人民大学出版社2008年版，第108页。

② 参见任继愈《中国哲学史》第一册，人民出版社1979年版，第21页。

③ 参见张明国《人工自然的追问与反思》，《自然辩证法研究》2007年第12期。

自然界的目的和手段之间的辩证关系。人工自然的观点体现在马克思和恩格斯的诸多著作中，例如，在《德意志意识形态》中将“工业和社会状况的产物”划入“感性世界”的范畴；在《1844年经济学哲学手稿》中所出现的“人化的自然界”“人的现实的自然界”“人类学的自然界”和“人再生产整个自然界”的表述都表现出了人工自然的思想。

2. 人工自然观的科学技术基础

人工自然虽然属于物质范畴，却是人类意识发挥主观能动性的集中体现，人们的目的、计划、意志在自然界中打下的烙印，是精神转化为物质的领域。在人工自然中，人类的能动性表现是以科学技术为基础的，科学技术是成功创造人工自然的基本前提，这是因为人工自然不是天然自然，而是在天然物质形态的基础上，依据自然规律加工或创造而成的。所以，只有对于物质形态所遵循的规律有了正确的认识，才能有效地进行创造出人工自然的实践活动。

（1）人工自然观的科学基础。系统科学从总体上为人工自然观的研究，尤其在人工自然界的结构和功能问题、人工自然界的演化规律问题、天然自然与人工自然的关系问题上，提供了系统思维方式；生态科学则是人工和自然的科学结合的体现；其他具体自然科学领域的研究成果为人工自然界的创建奠定了理论基础。

（2）人工自然观的技术基础。人类在改造自然的过程当中，不论是采集、加工、控制还是通信、运输、医疗等方面，都为人工自然界的创建发挥了基础性和关键性的作用，它们和计算机技术、航天技术等高新技术以及氢核聚变反应、太阳能和风能发电技术、沼气等生态技术共同为创建人工自然界奠定了技术基础。

（二）人工自然观的观点和特征

1. 人工自然观的基本观点

（1）人工自然界是人类运用科学技术创造的系统自然界。人工自然界是人类使用采集、加工和控制等技术，通过“引起、调整和控制人和自然之间的物质变换”[①] 创造出来的“人的现实的自然界”[②]。人工自然界包括采集的自然物，如煤、石油等；加工的自然物，如桌子、床等人工制品；控

① 《马克思恩格斯文集》第5卷，人民出版社2009年版，第207页。

② 《马克思恩格斯文集》第1卷，人民出版社2009年版，第193页。

制的自然物，如野生动植物保护区；创造的自然物，如长城等物质要素。这些物质要素构成了一个系统——人工自然界系统，从而具有整体性、层次性、开放性等各种系统特性。

（2）人工自然界源于天然自然界，并不断地演化发展。人工自然界是从天然自然界演变而来的，天然自然界是指人类世界产生之前的自然界和人类活动尚未深入到的自然界；人工自然界是指被人的实践改造过并打上了人的目的和意志烙印的自然界。从天然自然界到人工自然界的转化是客观世界对象化的过程，这一过程始于人和自然界的分化，是通过劳动完成的，人的对象活动使得越来越多的天然自然系统转变成了人工自然系统，它们之间通过物质、能量和信息的交换而不断地演化发展。人工自然系统不但要遵循自然规律，也要遵循社会规律和自身所独有的其他规律，如美学规律等。人工自然系统因技术创新，在系统内部要素和外部环境的相互作用下发生“涨落”，从而跃迁到新的有序状态，通过“自复制”“自催化”和“自反馈”等级制，从简单到复杂、从低级到高级“螺旋式”地演化着。

2. 人工自然观的特征

（1）主体性。人工自然观凸显了人在自然界中的主体地位，强调了人在创造人工自然界过程中所发挥的作用，即“通过他所做的改变来使自然界为自己的目的服务，来支配自然界”①，并通过对人的主体地位的反思和批判，从“纯主体”转向“客体性主体”，从主客间的对立转向二者间的和谐。

（2）能动性。人工自然观同时从受动性和能动性两个方面揭示了人与自然界之间的关系，人类不仅作为“受动的、受制约的和受限制的存在物”②，也作为具有自然力和生命力的“能动的自然存在物”③，凸显了人对自然界的能动作用，并且对此进行反思和批判，从忽视自然规律的盲目能动性转向遵循自然规律的科学能动性，从能动性和受动性的对立转向两者之间的统一。

（3）价值性。人工自然观强调了人类对自然界的价值诉求，人工自然具有满足人类生存和发展需要的功能，人工自然改变了天然自然界的存在方式和结构功能，使之符合人类的需要，这既是人类需要的对象化和物质化，又是实现人类需要的途径。并且，人工自然观通过对价值诉求的批判和反

① 《马克思恩格斯文集》第9卷，人民出版社2009年版，第559页。
② 《马克思恩格斯文集》第1卷，人民出版社2009年版，第209页。
③ 同上。

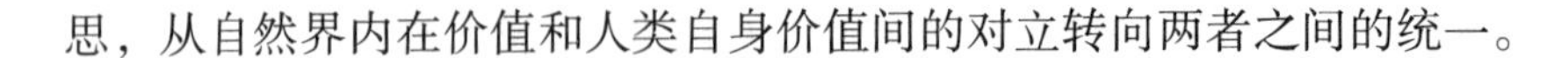

思，从自然界内在价值和人类自身价值间的对立转向两者之间的统一。

（三）人工自然观的作用

1. 丰富和发展了历史唯物主义自然观

人工自然观研究人类改造自然界的实践活动，关注最能体现人的本质力量对象化的创造领域，论证了自然界的现代性和“社会—历史”性，超越了以往认识狭义天然自然的范围，拓展了天然自然观的研究领域。

2. 实现了唯物论、辩证法、实践论和价值论的统一

人工自然观论证了主体和客体、能动性和受动性、自然史和人类史、自然界内在价值和人类自身价值的辩证关系，克服了近代唯物主义经验论和唯心主义思辨论的固有缺陷，实现了唯物论、辩证法、实践论和价值论的统一，凸显了马克思主义自然观的能动性、实践性和革命性特征。

3. 有助于实现人工自然界和天然自然界的统一

人工自然观主张创建人工自然界要遵循自然和社会规律，尊重人文价值，强调人工自然界的生态化以及和天然自然界的和谐共存。

人工自然观随着科学技术的发展而改变自己的形式并逐步完善和发展起来，尤其是随着人类对应用科学技术后果的反思和批判而产生变革，并由此转向生态自然观。

三、生态自然观

生态自然观是以现代科学技术为基础、概括和总结生态自然界的存在和发展规律所形成的总的观点。生态自然观的研究源自对人与自然关系的思考，对人工自然的反思和对天然自然的重新思考，是天然自然观和人工自然观的辩证综合。

（一）人与自然关系的历史考察

在300万～400万年以前，地球上出现了人类，人类的生存依赖于自然，同时对自然产生了深刻的影响，人类与自然之间的关系随着人类认知水平的提高和社会的发展而在不断地发生改变，从总体上而言，可以分为三个历史时期。

1. 远古时期人与自然的关系

在远古时期，人由古猿进化而来，在自然属性上与动物并无本质差别，只能依赖于自然而生存。随着身体器官的进化，人类逐渐掌握了劳动工具的制作技能，增强了生存能力，同时也积累了对自然的经验和知识，逐渐开始了对自然的利用，如对火的利用。然而人类在技术方面的进步非常缓慢，其主要的生产活动是采集、捕鱼和狩猎，这些都受到了季节和自然条件的局限，所以此时人类对于自然是绝对地依赖。在人与自然的相互作用中，人的主观能动性越强，对自然带来的影响就越深入。远古时期的人类对于自然的认识和利用程度还相当低，只能是适应于、屈服于自然，受自然的主宰，所以，人类对于自然的影响也非常小，人与自然的关系是和谐的。

2. 农业文明时期人与自然的关系

大约在1万年前，人类进入新石器时代，开始了农业阶段，农业是人类对自然的认识和利用能力增强的产物。进入农业社会之后，人类所制造的工具不论从质量上、数量上还是功能上都比旧石器时代有了突飞猛进的发展，人类主要的生产活动已经从采集、捕鱼和狩猎转向了谷物生产和动物饲养，这标志着人类从依靠大自然恩赐的食物采集者转变成了依靠自身能力的食物生产者。在农业文明的阶段，农业和畜牧业对自然的影响不大，人与自然的关系从总体上来说是和谐的。但是，由于农业生产水平的提高，扩大了人类的生存区域，人口持续增长，人类对于自然资源的需求日益增加，于是开荒种植、超载放牧、滥伐森林等行为日益频繁，对自然产生了消极影响，人类与自然的关系开始恶化。

3. 工业文明时期人与自然的关系

近代工业革命以来，人类的生产力被极大地解放，机器生产取代了人力和畜力，科学上的进步和技术上的革新给予了人类征服自然的信心和动力，人类得到了极大的自由和解放。然而，人类对自然资源的掠取、生存环境的破坏影响了人类的生存和发展，环境污染、气候变暖、核污染等各种问题接踵而至，人类在改造自然的同时破坏了自然。

从远古时期、农业文明时期到工业文明时期，人与自然的关系在每个阶段都发生了转变，这实际上是人类中心主义思想形成和发展的过程，人类中心主义是一种一切以人类的利益和价值为中心的观点，它主张道德只与理性存在物有关，而非人类的自然存在物不具有理性，因而没有道德权利和内在价值，只有工具价值，应当以人为根本尺度去评价世界。古代的自然目的论、神学目的论、二元论可以看作人类中心主义最初的一种表现；近代人类中心主义认为人对于自然没有道德义务，与目前人类所面临的环境问题和资源问题有密切的关联；现代的人类中心主义思想则抛弃了这一狭义的观点，从人类的共同利益和长远利益出发来讨论人与自然之间的关系，所以它们强调环境的保护，认为保护环境才是真正的以人类为中心。

人类中心主义存在很多缺陷，一个最突出的缺陷就是：它仅仅从人类的利益和价值出发去评判人与自然之间的关系，这已将人和自然置于一种不平等的地位——只关注地球上某一个物种的利益和价值，而忽视自然界中其他物种的利益和价值。即使这一观点，它目前也开始关注环境保护，但这是一种狭义上对自然环境的理解，只考虑人类的自然环境，而没有考虑非人类存在物的生态环境。非人类中心主义有很多不同形式，如动物权利论（动物应当享有与人类相同的道德利益）、生物中心主义（一切生命都应当享有与人类平等的权利）、生态中心主义（人类并不仅仅是一种生命形式，而且是生态系统、生物圈和生态过程的一部分，所以应当平等地对待生物共同体中的其他成员）等。生态自然观正是基于这种非人类中心主义的思考、以环境伦理学的形式所展开的人与自然关系的思考。

（二）生态自然观的基本思想

1. 马克思、恩格斯的生态思想

马克思、恩格斯的生态思想是生态自然观的直接理论来源，他们的基本观点如下：

（1）人是自然界发展的产物。马克思和恩格斯首先从发生学界定人与自然之间的关系。马克思认为："人本身是自然界的产物，是在自己所处的环境中并且和这个环境一起发展起来的。"[①] 恩格斯认为："从最初的动物中，主要由于进一步的分化而发展出无数的纲、目、科、属、种的动物，最后发展出神经系统获得最充分发展的那种形态，即脊椎动物的形态，而最后在这些脊椎动物中，又发展出这样一种脊椎动物，在它身上自然界达到了自我意识，这就是人。"[②]

（2）人是自然界的一部分。马克思和恩格斯没有把人看作凌驾于自然之上的存在，而是把人看成自然界之中的存在。马克思说："人直接地是自然存在物。"[③] 恩格斯说："我们统治自然界，决不像征服者统治异民族一样，决不像站在自然界以外的人一样，——相反地，我们连同我们的肉、血

---

① 《马克思恩格斯选集》第3卷，人民出版社1995年版，第374～375页。

② 同上书，第456页。

③ 《马克思恩格斯全集》第42卷，人民出版社1979年版，第167页。

和头脑都是属于自然界，存在于自然界的……”①

（3）人类的生存与发展依赖于自然界。马克思说：“人（和动物一样）靠无机界生活，而人比动物越有普遍性，人赖以生活的无机界的范围就越广阔。从理论领域说来，植物、动物、石头、空气、光等，一方面作为自然科学的对象，另一方面作为艺术的对象，都是人的意识的一部分，是人的精神的无机界，是人必须事先进行加工以便享用和消化的精神食粮；同样，从实践领域来说，这些东西也是人的生活和人的活动的一部分。人在肉体上只有靠这些自然产品才能生活；不管这些产品是以食物、燃料、衣着的形式还是以住房等的形式表现出来。在实践上，人的普遍性正表现在把整个自然界——首先作为人的直接的生活资料，其次作为人的生命活动的材料、对象和工具——变成人的无机的身体。”②

2. 生态自然观的基本观点

生态自然观是马克思主义自然观发展的当代形态之一，是对马克思、恩格斯生态思想的继承与发展，它的基本观点可概括为以下几个方面：

（1）生态自然界是系统的自然界。生态自然界是由人类以及其他生命体、非生命体及其所处的环境构成的生态系统。生态系统具有整体性，它是由相互关联的各个部分有机结合而成的，一方面，生物和非生物之间是一个有机整体，生物的生存环境就是由非生物要素组成的；另一方面，各种生物之间存在着“食物链”或“食物网”的食物关系而相互作用，任何一个环节出现问题，势必影响整个生态系统。生态系统具有开放性，生物与环境之间会不断地发生相互作用，外部环境向系统输入能量，通过系统内部的转换和消耗，使系统具有自我调控、保持平衡的能力。除此以外，生态系统具有多样性、层次性、自组织性等系统特性。

（2）生态自然界是天然自然界和人工自然界的统一。天然自然为人类的生存和发展提供了最基本的物质条件，但是并不能提供更多的物质产品，因此，人类不但依赖于自然界，并且试图控制和利用自然界，于是逐渐出现了人工自然。但是，面对工业化所带来的各种环境危机、能源危机，两类自然出现了矛盾和冲突，人们发现人工自然界不论如何发展，终究无法替代天然自然界，天然自然界始终是人类赖以生存的物质基础，同时，人工自然界的创造也不可能放弃，两类自然都是人类所需要的，出路只有将两者调和起

① 《马克思恩格斯全集》第20卷，人民出版社1971年版，第519页。
② 《马克思恩格斯全集》第42卷，人民出版社1979年版，第95页。

来，对现有的人工自然界进行改造，因而出现了生态自然界。从天然自然界经过人工自然界到达生态自然界的过程，是一个否定之否定的过程，这不是向天然自然界的回归，而是对人工自然界的超越，是在人工自然界的基础上复归到天然自然界，这是在更高层次上将两者辩证结合。

（3）人工自然界转向生态自然界，是实现可持续发展的必然途径。1980年，由国际自然资源保护联盟、联合国环境规划署和世界野生生物基金会联合发表的《世界自然资源保护大纲》首次提出了“可持续发展”的概念，之后在各个国家和地区陆续召开了相关会议，将可持续发展由概念、理论推向战略行动。可持续发展指的是“既满足当代人的需要，又不对后代人满足其需要的能力构成危害的发展”[①]，这是一种均衡、持久的全面发展，是人类与自然界、人类内部之间的和谐。可持续发展有几个基本原则：一是发展原则。不能为了保护环境而停止发展，并且发展并不仅仅是经济发展，而且包括社会、文化、科技、环境等多方面。二是可持续性原则。人类社会的发展不能超出地球环境和资源的负荷。三是共同性原则。不同国家和民族要超越文化上的差异联合行动，共同对抗全球性的生态危机。四是公平性原则。寻求人与人之间对于资源分配和利用的公平，这既包括同一代人之间的公平，也包括当代人与后代人之间的公平。生态自然观是可持续发展的哲学基础，从工业文明走向生态文明是可持续发展的必然途径。

3. 生态自然观的作用

（1）丰富和发展了马克思主义自然观。生态自然观倡导系统思维方式，发挥人的主体创造性，强化人与自然界协调发展的生态意识，促进了马克思主义自然观在认识人类与生态系统关系方面的发展。

（2）有助于贯彻落实科学发展观。科学发展观是指坚持以人为本，树立全面、协调、可持续的发展观，促进经济社会和人的全面发展；而生态自然观强调包括当代人和后代人在内的人类主体论，追求人和生态系统的和谐发展，这与科学发展观的思想是一致的，为贯彻执行科学发展观提供了理论基础。

（3）有助于建设生态文明。生态文明是指通过不断完善社会制度、改善人的价值观念和思维方式，促进经济、社会和环境协调发展，建设人与自然和谐统一的新的社会文明，它有助于实现生态自然观，有助于持续、健康

---

① 唐大为：《迈向21世纪——联合国环境与发展大会文献汇编》，中国环境科学出版社1992年版，第87页。

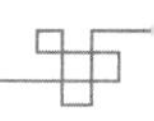

地搞好现代化建设，它“是关系人民福祉、关乎民族未来的长远大计”。生态自然观强调重新审视和辩证理解“人类中心主义”，正确认识人类与生态系统的关系，为建设生态文明奠定了理论基础。建设生态文明，“必须树立尊重自然、顺应自然、保护自然的生态文明理念”，“坚持节约资源和保护环境的基本国策，坚持节约优先、保护优先、自然恢复为主的方针，坚持生产发展、生活富裕、生态良好的文明发展道路”；要把“生态文明建设放在突出地位，融入经济建设、政治建设、文化建设、社会建设各方面和全过程，努力建设美丽中国，实现中华民族永续发展”。①

问题讨论

李约瑟难题——近代科学为什么没有产生在中国②

李约瑟难题是由英国著名学者李约瑟（Joseph Needham）提出的一个论题——中国古代对人类科技发展作出了很多卓越的贡献，但为什么近代科学却没有在中国产生？李约瑟在《中国科学技术史》中提到：“中国在公元前3世纪到13世纪之间保持一个西方所望尘莫及的科学知识水平”，中国的科技发明和发现“往往远远超过同时代的欧洲，特别是15世纪之前更是如此”。但17世纪却是中西方科学技术产生巨大差异的分水岭，前者快速下滑，后者加速上升。据有关资料显示，从6—17世纪初，在世界重大科技成果中，中国所占的比例在54%以上，而到19世纪的时候，中国所占的比例只有0.4%。面对如此巨大的差异，李约瑟觉得不可思议，因而提出了这一论题，在学术界展开了长久而热烈的讨论。

对于李约瑟问题的解答，从政治、经济、社会、文化、宗教等各个方面都有大量的论述：

（1）政治原因。中西方自古以来就有明显的差异，西方文明的源头，如古希腊实行的是城邦民主制，民众的思想、言论都具有自主性。而中国在统一之后实行的是中央集权制，这使得整个国家和社会的思想直接受到统治阶层的控制，而中央集权的专制主义所重视的是以儒家为代表的人文、政

① 本书编写组：《中国共产党第十八次全国代表大会文件汇编》，人民出版社2012年版，第36页。

② 刘钝、王扬宗编：《中国科学与科学革命》，辽宁出版社2002年版。

治、道德伦理方面的学说，作为科学技术则显得无足轻重，例如宋应星的《天工开物》在当时的中国就受到冷遇。

（2）经济原因。中国没有从自然经济过渡到商品经济，自给自足、对外封闭的小农经济以及统治阶层“重农轻商”“重农抑商”的倾向，严重阻碍了古代中国工商业的发展，而工商业在近代科学诞生的过程中发挥了十分重要的作用，这使我们不能将工匠的技术和科学家的数学与逻辑推理结合起来，因而在17世纪未能像西方国家那样向伽利略时代过渡。

（3）哲学原因。主客二分被认为是近代科学能够在西方产生的原因，而古代中国哲学的主流思想主张“天人合一”，所以人与自然浑然一体，而没有将主体和客体相区分，更没有将客体纳入主体认知和改造的对象范畴，而在西方哲学中，人和自然是分离的。冯友兰先生曾经指出，中国古代哲学有三大学派，道家、墨家和儒家，道家主张自然，墨家主张人为，儒家主张中道，儒家中荀子一派主张“天命而用之”，与培根征服自然的观念一致。而后墨家消亡，荀子一派也在秦朝之后衰落，宋代之后的新儒家强调“去人欲以存天理”，在人心之中寻求善，而不寻求对外部世界的认识，只注重对人的治理，而不注重对自然界的利用，久而久之导致了中国科学技术的落后。

（4）思维原因。东西方人的思维习惯是完全不同的，这与科学的诞生密切相关。东方思维方式不主张工具和手段的理论提炼，而只是主张工具的直接使用，这是一种较强功利主义的表现，故而很少进行枯燥的纯理论研究，并且总是与特定的政治观点相结合；而西方思维方式却不同，从古希腊时代开始，他们便超越了知识的实用性功能，而对知识本身感兴趣。亚里士多德在《形而上学》中区分了经验、技艺和科学，经验是关于个别事物的知识，技艺是关于普遍事物的知识，科学则是纯粹的知识。亚里士多德指出：“为着自身，为知识而求取的科学比那为后果而求取的科学更加智慧。”

除了上述解答之外，还有各种从其他方面对此难题的探索，如社会、宗教、气候、地理位置等。但实际上，李约瑟问题应是一项整体研究，不能将一个个的具体原因孤立起来，而应当从内部和外部两个方面入手，即将科技发展中的内在规律以及与社会结构的相互作用联系起来讨论这一问题。

从内部结构而言，中国古代科学技术具有以下特点：

第一，在大一统政治文化组织形态下形成了“大一统”型技术，欧洲国家在中世纪大多都是一些相对独立的、联系松散的经济文化单位，而中国自秦朝以来就是中央集权的封建大国，有着强大而统一的行政控制、统一的文化和信仰，从而需要发达的通信技术、军事技术、天文历法、测量技术等，这些统称为“大一统”型技术，中国古代四大发明体现了这一特征。“大一统”型技术虽然发达，但是其最大的缺陷在于：一方面，它不能向开放性技术体系转化。例如，中国的瓷器制造技术固然发达，但玻璃制造技术却很落后。另一方面，它与国家的稳定性密切联系，一旦国家发生动荡，对技术水平的发展就会产生巨大障碍。

第二，技术化倾向。在中国古代，不以实用为目的而只为证明科学理论的实验，只处于一个可有可无的位置上。例如，虽然中国古代的数学相当发达，却没有产生解析几何。

从外部环境而言，近代科学结构的确立需要一定的社会条件和本身内部的动力，具体而言包括以下几个阶段：第一阶段，科学家在某一特殊领域发现了一些自然原则；第二阶段，这些原则在一定的社会条件下不断扩大影响力，被大多数科学家所接受。第一阶段被称为原始科学结构的构造，第二阶段被称为原始科学结构社会化的过程。在中国科学史上曾经出现了多个科学迅猛发展的时期，如战国时期、东汉后期、明末清初，但这几个时期最终都没有确立原始科学结构。

战国时期，中国处于百家争鸣的时代，《墨经》《考工记》等著作是当时自然科学的代表性著作，《墨经》中包含了欧式几何中的部分内容，是一部尚未完成的中国式几何原本，对于光学和杠杆原理也有研究，虽然不如古希腊时代的著作那么完善，但社会影响力却很大；《考工记》是一部严谨的技术著作，从仪器和实验中抽取理论。然而，在战国时期，中国并没有形成完善的原始科学结构种子，《墨经》所代表的中国式几何学体系尚未确立便夭折了，主要因为当时还存在着两个比墨家更为强大的竞争体系，那就是儒家和道家，而这两个体系对于科学技术并不倡导。

东汉后期，占了300年统治地位的儒学开始衰落，诸子百家开始复活，墨家重新受到了重视。从东汉后期到魏晋前期，中国古代科学技术出现了一个仅次于北宋的高峰时期，四大发明中的造纸术成书于东汉，张衡是这一时期代表性的科学家，《九章算术》也成于这一时代，但是这一次科学史上的活跃时期很快就陷入了低潮，主要原因在于：一方面，社会结构在转化过程中出现了毁灭性大动乱，东汉5000万左右的人口到了三国时期只剩下1000万左右，科学在这一过程中同样难逃浩劫。根据《汉书·艺文志》上的记载，汉朝医经有七家，共216卷，医方11家，共274卷，但动乱后只有《内经》流传下来，其他医书全部失传，华佗、扁鹊等神医的医术如今只存在于民间故事当中，其他农书、数学等方面的科学著作能保存下来的也寥寥无几。另一方面，墨家再一次碰到了更强大的竞争对手——道家，而陷入了衰落。

明末清初是一段特殊的历史时期，出现了历史上少有的理论高峰，一方面，明末兴起了对古代科学技术的总结，如《本草纲目》《天工开物》《农政全书》是此时代表性著作；另一方面，在这段时期，西方近代科学结构正在形成，并且通过耶稣会传教士开始传播到中国，对中国传统科学技术产生了冲击，徐光启、李之藻等人翻译了《几何原本》《同文算指》《勾股义》等西方科学技术著作。此时可以说在中国已经传入并逐渐形成了原始科学结构的种子，但是在其社会化过程当中却出现了阻碍，由于封建专制思想以及文化背景上的冲突，使得西方科学只在小部分官僚圈子和进步知识分子当中产生了兴趣，而社会影响力却是很小的，像李时珍、宋应星、徐霞客等优秀的民间科学家几乎都不了解西洋科学，并且，西方科学的影响也仅仅局限于天文历法、军械制造部门，而没有更大范围地推广应用。

综上所述，由于中国科学技术的内部结构以及社会化的外部环境的因素，使得在科学史上几次重要的转折时期最终都因为各种条件的限制而夭折。近代科学技术并不属于哪个特定的民族和文明，但是却有适合其成长和发展的土壤。尽管李约瑟问题到目前仍没有定论，但在不断探寻和思索过程中，有利于对科学发展条件和规律的认识，也有利于深化对中华传统科技文明的认识。

第二章　科学究竟是什么
——科学的本质、发展模式及动力

从第一章的论述中我们知道，自然辩证法的一个基本研究内容是自然观，即自然界的一般规律。而在现代社会，随着自然科学的迅速发展和对社会全方位的巨大影响，人们对自然界的认识和理解，已经不可能离开自然科学来进行，更不用说改造了。在这种情况下，作为本来以自然观为基本研究任务的自然辩证法，不可避免地要把（自然）科学作为自己的重要研究对象。

第一节　科学的概念和特征

一、什么是科学

“科学”（science）一词源于拉丁文“scientia”，原意为“学问”“知识”。16 世纪末，science 引进我国，被译为“格致”，即通过接触事物获得知识，因此 science 被称为格致之学。19 世纪末，康有为和严复根据日文将 science 译为“科学”，从此以后，“科学”一词就在我国逐渐推广使用开来。

自 19 世纪中后期尤其是 20 世纪下半叶以来，科学的社会功能与日俱增，科学在社会生活和公众心目中的地位大大上升，这使得“科学”一词成为人们生活中使用频率最高的词汇之一。它不仅作为名词指一门以自然为研究对象的学科，还常常作为形容词（“科学的”）使用，实际上起着判断事物真假、陈述的正确与否的标准的作用（在这个意义上，“科学的”就相当于“真的”“正确的”）。但是，正如在生活中一切熟悉的东西在理论上却很难弄清楚一样，若要问究竟什么是科学，却又是众说纷纭、莫衷一是。科学学的创始人贝尔纳认为，由于科学在它的历史发展中表现为建制、方法、知识、生产力和信仰等形象，体现出不同的特征，因此是难以定义的。[①] 不过，受人类本性和求知欲望的驱使，人们还是不厌其烦地为科学下着各种各样的定义，其中最有代表性的当属这样几个定义：①关于自然、社会和思维的知识体系；②正确反映自然、社会和思维的本质和规律的知识体系；③系统化的实证知识。

但上述定义都有较严重的缺陷：其一，说科学是一种“知识体系”也好，“实证知识”也好，都把科学仅仅看成知识或体系化的知识，这是一种静态的、逻辑化的科学观，与科学的实际形象尤其是20世纪以来的“大科学”形象有很大的出入，使科学的、完整的、血肉丰满的、多侧面的形象被压缩到一个狭小的、干瘪的逻辑空间中，割断了科学与生活、与公众之间的活生生的联系，具有浓厚的贵族气息。其二，说科学“正确”反映了自然、社会和思维的本质和规律，就是把科学视为真理的同义语，从今天的观点来看明显具有一种独断论的意味，缺乏历史的视野，没有认识到科学的可错性。这一缺陷与前一缺陷有直接关系：只要把科学看成静态的知识体系，独断论的科学观就是不可避免的。其三，说科学反映了自然、社会和思维的“本质和规律”，显露出一种在十八九世纪西方哲学中占统治地位的机械决定论思维方式的明显痕迹。实际上，无论是科学还是哲学，都不完全是对事物本质和规律的探究，对本质和规律的探究并不是科学研究的全部内容。从认识论的观点来看，科学研究至少由四个层次构成：科学问题、科学事实、科学规律和科学理论。找出科学规律（包括本质规律和非本质规律。顺便说一下，过去我们一直将规律理解为事物的本质联系，这是不全面的。某些规律如玻义耳—马略特定律完全是经验规律，并不反映事物的本质）、提出科学理论固然是科学研究的重要任务，但发现科学事实、提出科学问题不也同样重要吗？而且后者是前者的重要基础，发现不了事实，提不出问题，怎么能够建立规律和理论呢？爱因斯坦说过：“提出一个问题往往比解决一个问题更重要。”[②] 海森伯（亦译为海森堡）也说：“提出正确的问题往往等于解决了问题的大半。”[③] 波普尔则明确主张科学始于问题。这都说明问题以及导致问题产生的事实是科学不可分割的重要组成部分。

---

① 参见［英］贝尔纳《历史上的科学》，伍况甫等译，科学出版社1981年版，第6页。

② 参见［美］A. 爱因斯坦、L. 英费尔德《物理学的进化》，周肇威译，上海科学技术出版社1962年版，第66页。

③ ［德］W. 海森伯：《物理学和哲学》，范岱年译，商务印书馆1981年版，第8页。

上述科学定义的错误之要害在于缺乏对科学认识的历史视野，即犯了一种用纯逻辑的眼光来看科学的逻辑主义错误。这是一种自近代科学产生以来就形成的、至今仍有很大影响的理想主义的科学观（有人称之为“培根—笛卡尔理想”）。在这种科学观看来，科学应该是实际上也是：①具有确定性的知识；②具有深刻性的知识，能解释众多现象，揭示事物的底蕴，揭示自然界深奥的秘密；③具有高度预见力的知识；④具有精确性的知识；⑤具有严格合乎逻辑的演绎系统结构的知识。[①]

从这种科学观可推出，科学具有系统性、确定性、精确性、在功利偏好和价值取向上的中立性等特性。

公正地看，这种传统的科学观不能说完全错了，且根本不符合科学的实际情况，它至少部分反映了科学的一个侧面——作为科学研究活动的结晶或成果的科学知识，这些成果凝结在各种科学文献尤其是教科书中，供后来者学习和研究。按照人类重结果而不太重过程的习性，科学的这个侧面自然十分引人注目，因而形成了上述这种“教科书式的科学观”。显然，这种教科书式的科学观舍弃了科学众多丰富多彩的侧面，而把眼光只盯在作为科学活动的最终成品的科学知识上，犯了以偏概全的错误。看来贝尔纳的告诫是有道理的。科学这一概念（其实不光是科学，任何稍微复杂一点的事物都是这样）是不能用一个干巴巴的定义一劳永逸地固定下来的。要把握科学的本质，不能单从逻辑的角度，而必须具有历史的眼光，即从科学发生、发展的全过程着眼才能解决问题。马克思主义的逻辑与历史相统一的原则是我们理解科学本质的基本钥匙。

在现代学者中，越来越多的人不赞同把科学仅仅看作知识体系，而更认为科学是知识的创造和加工的过程。保加利亚学者伏尔科夫写道：“科学的本质，不在于已经认识的真理，而在于探索真理”，“科学本身不是知识，而是产生知识的社会活动，是一种科学生产”。[②] 美国学者小李克特也认为，科学是“一种社会地组织起来探求自然规律的活动”[③]。

比较起来，在关于科学的众多说法中，英国著名科学家、科学学创始人贝尔纳的观点最全面，内容最丰富。他以马克思主义的科学观为基本依据，

---

① J. Watkins. The Popperian Approach to Scientific Knowledge, in G. Radnitzky et al. Progress and Rationality in Science. Dordrecht: Dordrecht Reidel Pub. 1978, pp. 23～43.

② 转引自夏禹龙《科学学基础》，科学出版社1983年版，第45页。

③ 小李克特：《科学的自主性——一个历史的和比较的分析》，《科学技术发展政策译丛》(3)，第6页。

并立足于他那个时代已开始显露的“大科学”迹象，提出了自己对科学的理解。我们认为，贝尔纳的观点是比较符合科学的实际状况的，值得在这里加以介绍和分析。

贝尔纳认为，科学“不能用定义来诠释”，“必须用广泛的阐明性的叙述来作为唯一的表达方法”。[①]“科学”或“科学的”一词，在不同场合有着不同的意义，因此科学有众多不同的形象，每一个形象都只反映科学本质的某一个侧面，没有哪一个形象能够完整地代表科学的整体，科学的、完整的意义应当来自这些不同形象的合理整合。贝尔纳认为，科学概念的整体或完整形象是这样的：

（1）“一种建制”[②]。科学作为一种社会建制，今天吸引了几十万人为它工作，这些人把科学作为自己的社会职业，这种情况与科学初创时期有极大的不同。科学的建制化或体制化在牛顿时代虽已开始（其标志是1662年英国皇家学会的成立），但那时的建制化程度还很低，科学共同体显得相当松散，相对于现代科学的高度组织化而言，那时的科学家还处在“单打独斗”的“科学个体户”阶段。贝尔纳主张用描述的方法来揭示科学的本质，这样，“科学家的所作所为，就成了科学的一种简易定义”[③]。

（2）“一种方法”[④]。科学方法可谓科学的灵魂，它是指科学家从事科学活动所凭借的一整套思维和操作规则（既包括程序性的，也包括指导性的），科学家遵循和运用这套规则取得科学成果。与科学本身一样，科学方法也处于不断的发展过程中，因而很难加以定义。

（3）“一种累积的知识传统”[⑤]。这是指科学的积累性、继承性。这使得科学“不同于人类的其他大建制”，如宗教、法律、哲学和艺术，使科学具有公认的客观的检验标准，而这种标准在人类文化的其他传统中是不存在的。

（4）“一种维持和发展生产的主要因素”[⑥]。上述几个方面还不能说明科学在现代社会为什么如此勃兴。要说明这一点，必须看到现代科学与现代技术的密切联系，正是这种联系导致了生产的迅速发展和社会的巨大变化。

---

① ［英］贝尔纳：《历史上的科学》，伍况甫等译，科学出版社1981年版，第6页。

② 同上书，第6页。

③ 同上书，第7页。

④ 同上书，第9页。

⑤ 同上书，第15页。

⑥ 同上书，第18页。

而这一点在科学的早期是不存在的。“在较早的时期，科学步工业的后尘，目前则是趋向于赶上工业，并领导工业。”①

（5）“一种重要的观念来源”②。科学是“构成我们诸信仰和对宇宙和人类的诸态度的最强大的势力之一”③。它不仅能发挥实用功能，也具有理论功能。科学知识的产生和传播既受到当时一般的知识背景或观念的强烈影响，反过来又为这些观念的变革提供动力。

二、科学的特征

从科学史的角度即用发展变化的眼光来看科学，科学是人类诸多活动的一个组成部分或一个部门（当然是一个具有高度特殊性的部分），其根本目标或直接职能是求真——探求关于客观世界的正确的和精确的知识，这样，科学既是探究新知识的活动，也包括这种探究活动的结果即知识体系。探究知识的活动和由这一探究所形成的知识体系，这就是关于科学本质的基本规定。从这一点出发，我们可以深入一步，从而发现科学（主要指自然科学）具有以下基本特征。

（一）科学属于生产力的范畴

作为知识体系，科学与其他社会意识形式或思想体系（如政治法律思想、哲学、宗教、艺术等）有很大的不同：它具有“一般社会生产力”即“知识形态上的生产力”的属性，因而属于生产力的范畴，而不像其他社会意识形式那样属于上层建筑范畴。马克思把生产力区分为直接生产力和一般生产力或间接生产力两种不同形态。直接生产力是直接进入生产过程的生产力，一般生产力则是尚未进入生产过程的生产力。科学在没有同生产结合以前，是以精神的形态即生产的潜在力量而存在的。而当其应用于生产过程，渗透到作为生产力的三要素的劳动者、劳动资料、劳动对象中时，即物化为直接生产力。正是由于科学的这种生产力特征，使得它在人类社会历史发展进程中客观地、无意识地、不以任何人的意志为转移地发挥着重大的作用，

---

① ［英］贝尔纳：《历史上的科学》，伍况甫等译，科学出版社1981年版，第19页。
② 同上书，第22页。
③ 同上书，第6页。

从而成为“最高意义上的革命力量”①。同时，科学与其他社会意识形态不同，它不是依赖于特定经济基础的上层建筑，因而它本身没有阶级性，自然规律和自然科学可以为任何阶级的人所“不偏不倚”地发现、学习和利用。同样，它也无国界和民族界限，是“放诸四海而皆准”的。科学的这种无阶级性、国别性和民族性的特点，是它具有强烈的积累性和继承性，从而自近代以来能够获得迅速而又巨大的进展的重要原因之一。

（二）科学不仅是知识体系，而且是在一定的社会历史条件下由科学家或科学共同体所从事的认识活动

从动态的角度将科学看成人类的一种重要活动的观点是极富启发性的。首先，如果把科学看作人类的一种活动，那么作为活动或过程的科学与作为知识体系的科学就是因与果、源与流的关系，知识体系和人类活动的关系作为科学统一本质的两个侧面就得到了说明，这样一来，传统科学观或常识科学观视知识为科学的第一要素甚至唯一要素就具有明显的不合理性。其次，如果科学主要被视为一种人类活动而不仅仅是知识体系，那么我们立刻就会碰到科学这种人类活动与其他各种人类活动（如哲学、宗教、艺术等）的关系问题：各种人类活动是如何影响科学的发生和发展的？科学又是如何影响人类的其他活动的？此时，我们就不再可能像把科学视为知识体系那样将科学孤立于人类活动之外，此时的科学就不再是那种高高在上的、隔绝于社会之外的、脱离人类甚至敌视人类的象牙塔般的东西，它将从高不可攀的天国之巅回落到平凡的人间大地，从而蜕掉它从“娘胎”——古希腊人那里沾染上的贵族气味。平心而论，科学的一大特点是具有超越任何特定或具体现实的抽象性，这正是科学的巨大力量之所在，它也是被主要视为知识体系的基本原因。然而，科学的这种超越现实绝不是不受任何约束的、虚幻的玄想和思辨，它的一只脚踩在大地上，它的根基在现实中，它需要随时回归大地，接受现实的检验。这样一来，我们对科学的认识就是多视角的，既有认识论的，又有心理学和社会学的，而且，这几种视角也是统一的，统一的基础或根据就在于科学这种内容丰富、影响深远的人类活动。

逻辑实证主义的科学观是传统科学观的典型的、最高的也可以说是最后的形态，它对科学完全持一种逻辑主义的立场，把科学看成纯逻辑、纯理论的，它注重科学知识的“逻辑重建”或“理性重建”，其基本方法是使概念

① 《马克思恩格斯全集》第19卷，人民出版社1963年版，第372页。

精确化，建立一种精确的科学语言，阐明科学的专门方法，它的最高目标是确立一些“客观的”“中立的”方法论规则，依靠这些规则，科学中的任何分歧，要么是可以一劳永逸地加以解决的，要么是非认识论性的，即属于形而上学的，因而是没有意义的。这样，对科学的理解、对科学史的说明就根本无需诉诸那些科学以外的因素，所谓科学的“外史”根本就不存在，即使存在，也并不是科学的光荣，反而是科学的耻辱，说明科学受到了非科学因素的“污染”，这种“污染”显然不属于科学的一部分，恰恰相反，是科学应当予以清除的东西。科学史应当是也只能是“内史”。

在已处于“大科学”时代的20世纪的人们，特别是20世纪60年代历史主义兴起以后的科学哲学家们看来，这样一种科学观显得是那样的“古典”和“纯洁”，那样的富于精英意识，充满贵族气味，以至于把科学变成远离人间的“圣物”，甚至不食人间烟火的“怪物”，这样的科学观离科学的实际情形是何其遥远啊！历史主义科学哲学的创始人库恩认为，科学知识从根本上说是一种历史产品，因此只有科学实际发展过程中的材料才具有合法性，就像黑格尔所说的，存在的就是合理的。他批评逻辑实证主义和其他“理性主义”的科学观是编造历史，硬把活生生的科学纳入普罗克拉斯提斯之床，从而完全歪曲了科学的形象。以库恩为代表的历史主义的科学观与这种逻辑主义科学观完全不同，它本质上是一种历史的、文化的科学观，即把科学作为人类的一种社会活动和文化活动来加以认识和理解。对此，库恩写道：“科学尽管是由个人进行的，科学知识本质上却是群体的产物，如不考虑创造这种知识的群体的特殊性，那就既无法理解科学知识的特有效能，也无法理解它的发展方式。”①

当然，必须指出的是，科学虽是一种人类活动，但它又不是一般的人类活动，它与其他人类活动既有密切的联系，也有极大的不同。

（1）科学与物质生产活动。在现代社会中，在人类的所有活动中，恐怕以科学技术活动与物质生产活动的关系最为密切，“科学技术是第一生产力”就是对这一关系的概括性表达。但必须注意的是，不能把这句话理解成“科学 = 生产力”，科学与生产力没有任何区别。其实，不仅科学不能简单等同于生产力，就是技术也不完全等同于生产力。说科学是生产力，不过是肯定科学能够发挥生产力的功能，可以转化为物质产品和物质财富。如果

---

① ［美］托马斯·库恩：《必要的张力》，范岱年、纪树立译，北京大学出版社2004年版，序言。

把科学完全等同于生产力，也就等于抹杀了科学活动与生产活动的区别，从而也就歪曲或错置了科学的目标。实际上，科学是人类的一种特殊的活动形式，其特殊性表现为它在本质上是一种精神活动，而作为一种精神活动，它的直接目的当然不是像生产活动那样追求物质财富，而是旨在学术创新，不断“生产”精神产品——科学知识，因而科学表现为一种精神生产形态。在物质生产活动中，为了生产出物质产品，不得不利用科学知识（尤其在现代社会中），但在这里，知识仅仅是生产物质产品的思想工具而不是目的。在科学活动中，情形则完全不同，在这里，获取知识本身就是目的，至于这种目的以何种形式表现出来——是理论的描述和阐释，还是工艺流程的制定，或者是别的什么——都无关紧要。当然，这样说，并不意味着从事科学研究活动的科学家不应该关心他所获得的知识的实际价值以及在实践中的应用情况，恰恰相反，在现代社会，每个研究人员都决不应当忽视这一点，否则将可能使科学不是为人类造福，而是危害人类，而且，科学史表明，凡属真正的、比较重大的科学发现，不论它一开始显得多么抽象，多么“脱离实际”，最终总会在实践中获得应用。但我们不能从这一点得出结论说，科学的目标是获得实际的成果或产品，从而造福于人类。即使退一步，说科学的目标是通过获得知识然后将这种知识用于为人类服务，也是不够恰当的。因为这样一来，就很有可能使科学家陷入一种急功近利、鼠目寸光的境地，从而把科学的发展引入死胡同，这对科学是极为不利甚至是危险的。美国著名物理学家陶恩斯说：“在大多数情况下，如果摆在高于一切的位置的是对事物本身感兴趣的话，而不是对可从事情中吸取的好处感兴趣的话，那么，结果会是更加显著的。……技术的发展是有益的，对它不可忽视；但是，把一切都仅仅归结于此，却是极不恰当的。如果鼓励在追求知识和发明的基础上所做的事情，那么，就所做的事情而言，成就可能是无比巨大的。”①

（2）科学知识与常识。科学是一种以认识和把握自然界的本质和规律为目的的人类活动，但并不是所有认识自然的活动都可以看作科学活动，因为，早在真正意义上的文明以及科学诞生之前，人类就对他们生息繁衍的大自然有了许多的了解，就通过各种途径获得了大量的自然知识。但早期人类的这种认识自然的活动还不能看作科学活动，从这种活动中获得的知识与后

① 转引自［苏］米哈伊诺夫等《科学交流与情报学》，徐新民等译，科学技术文献出版社1980年版，第2～3页。

来产生的科学也不可同日而语，此时人类获得的这种知识我们今天一般称之为常识。当然，常识和科学在产生上的这种先后关系并不意味着常识已经或即将被科学所彻底取代。事实上，即使在科学十分发达的今天，虽然科学无疑是当今时代最重要的知识，但它并没有也不可能垄断整个知识领域，常识依然在某些领域中、某些问题上发挥着科学难以替代的作用。

那么，科学与常识究竟有哪些区别呢？

首先，科学的一大特征是系统性和组织性以及以此为基础的解释性。科学给人的一个十分突出的印象是具有严密的系统性和组织性（把科学定义为知识体系正是对这种特性的反映），它经常把各种经验材料分为不同的类型或种类，它非常注重各知识要素之间的逻辑联系。但必须注意，并不是任何有组织的材料都可以称为科学知识。一个管理科学、完善的图书馆的卡片目录无疑是有组织的，但它们本身不是科学；一位旅行家所写的游记，无论把他的所见所闻描写得多么生动有趣并富于条理，也不能称为科学。因此，仅凭系统性和组织性还不足以将科学与常识区分开来。科学与常识的区别，除了系统性和组织性外，还必须加上解释性这一条，这就是说，科学不仅要知其然，而且要知其所以然，它不仅要提供事实，更要提供事实为什么如此这般的解释。而常识充其量只能提供关于事实的知识。古人很早就已经使用装有圆形轮子的车进行运输，但由于不知道什么叫摩擦力，所以就不能解释用这种车子搬运货物为何比在地上拖拉省力。常识有时也试图对事物的原因进行解释，但这种解释往往是一种简单的类比，显得牵强附会，难以真正服人（如用毛地黄的花的形状与人的心脏相似来解释它能治疗某些心脏病），或者是难以通过实验加以检验的。

其次，科学的知识或结论具有精确性、严格性，一般来说，它清楚自己的适用范围和条件，而常识往往含糊不清、模棱两可。例如，“水加热到一定程度就会开”是一个典型的常识的结论，以科学的眼光来看，这一结论缺乏精确性和严格性：科学意义上的“水”指的是纯净的水，其化学式是H_2O，而常识意义上的水就缺乏这种精确的意义（比如雨水、海水是水，可汗水是不是水则可能因人而异）；“一定程度”的说法也缺乏精确的量的意义，而且也不知道或没有明确这个“一定程度”取决于大气的压力；“开”则是个典型的现象描述，没有将其固有的内涵——“液体变成气体”明确地表达出来。若用科学的语言来表述，上述常识命题应改为：在一个标准大气压下，将一定量的纯净水加热到100摄氏度后很快就会变成水蒸气。

再次，科学具有批判性。它所获得的任何事实、数据和结论，甚至得出这些事实、数据和结论的方法本身，无论出自何处，来自哪一方权威，都必须经受批判性的检验。没有任何人、任何结论拥有检验上的豁免权。常识则往往未经任何批判和检验而被接受。也就是说，科学是高度理性的，而常识却往往是缺乏理性反思的。

最后，科学与人类的其他重要活动如哲学、宗教和艺术等有很大差异。科学、哲学、宗教和艺术是人类理智试图理解和把握现实世界的几种主要形式或方式，但人类理解世界的这些方式在特点、内容和追求的具体目标上有极大的不同。就科学与哲学的区别而言，在西方哲学史上，柏拉图最早探讨了这个问题，在他看来，科学是用概念思维从感性现象去把握事物的理念即本质，而哲学则是从科学出发去认识最高的理念即“万物的第一原理”，它是关于世界最一般本质和规律的认识，因此不但不需要感性材料，相反，科学知识必须建立在哲学认识的基础之上，以哲学的原理为指导原则。柏拉图的这种观点在20世纪以前的西方哲学史具有压倒性的影响。虽然在今天的哲学家看来，这种观点的贵族气味太重，表现了一种“哲学王”的狂妄，但其基本精神还是具有相当大的合理性，可以说把握了科学与哲学在本质上的差别。关于科学与艺术的区别，爱因斯坦曾经有过深刻的认识，他说：“当这个世界不再能满足我们的愿望，当我们以自由人的身份对这个世界进行探索和观察的时候，我们就进入了艺术和科学的领域。如果用逻辑的语言来描述所见所闻的身心感受，那么我们所从事的就是科学。如果传达给我们的印象所假借的方式不能为理智所接受，而只能为直觉所领悟，那么，我们所从事的便是艺术。”① 从本质上看，科学与艺术代表了两种完全不同的思维方式：科学是一种逻辑思维，这种思维方式的“细胞”是概念，而艺术则是一种形象思维，其“细胞”是形象的意象。而且，这两种思维形式追求的目标也可谓根本不同：科学的目标是真理，科学力图如实地描述和把握客观世界的本质和规律。至于世界的这种本质和规律对人类来说是善还是恶，是美还是丑，对科学而言完全是一个无关紧要的问题。艺术则不一样，它并不试图如实地描述这个世界，它所把握到的世界是不是一个真实的世界，不论对它的作者还是读者（听众、观众）来说至少不是其关心的主要问题。衡量艺术作品的标准，主要不是它的真实性，而是它是否通过完美的形象的意象表达了人类对理想世界的追求和向往。至于科学与宗教的关系，

---

① ［美］海伦·杜卡斯、巴纳希·霍夫曼编选：《爱因斯坦谈人生》，高志凯译，世界知识出版社1984年版，第39～40页。

从 19 世纪末以来，似乎已成定论（虽然这个问题实际上要比前两个问题还复杂）：从本质上讲，科学是一种以经验事实根据、以理性为基础的知识系统，宗教则是以缺乏经验根据、往往未经理性审视的教义、教条为基础的信仰系统，因此，两者具有完全不同的认识路线，在本质上是根本对立的，甚至是水火不相容的。但 20 世纪以来，越来越多的研究者不同意这种看法。例如“科学史之父”萨顿就认为，从所追求的目标上来说，科学求真，宗教致善，两者互相平行，互不相干，并不存在根本的冲突。当然，也有人不赞同这种说法，他们认为，中世纪的教会干了那么多摧残科学、迫害科学家的事情，怎么能说宗教是致善的呢？恰恰相反，这证明宗教为恶。我们认为，要全面、准确地把握科学与宗教的关系，需要一种历史的、动态的眼光和视野，切忌简单化地看问题。但限于本书的目的和篇幅，这里不可能详细展开论述，只提及一点：说宗教的目标是致善，并不是肯定一切宗教行为都是善行，并不意味着宗教一定不会危及人类以及科学。这正如说科学的目标是追求真理，并不等于说科学家个个都是永远致力于真理、决不会做有悖于这一目标的事情（如热衷于“科学发现的优先权”）的圣徒，因为无论什么目标，对人类的活动来说都是一种理想，而理想与现实总是有一定距离的，何况中世纪教会对科学的迫害，很大程度上应归罪于教会（实际上是披着神圣外衣的世俗权力），而不能简单地、不加分析地归咎于宗教本身。

第二节　科学活动的基本规范

从前面的论述中我们知道，科学作为人类的一种活动，既是人类整个活动的不可分割的一部分，从而与人类的其他活动有着十分密切的联系，同时其本身又具有相对的独立性和极大的特殊性，这使科学这种特殊的人类活动遵循着不同于其他人类活动的特殊的社会规范。这些特殊的社会规范既使科学区别于其他的人类活动，也正是这些社会规范使现实的科学活动得以进行，而如果没有这些社会规范，就无法产生公认的科学问题，无法客观地、准确地评价科学活动的成果，这样的科学只能是一盘散沙，不可能取得任何真正的进步，这正如整个人类社会需要必要的道德的、法律的等各种规范一样。科学活动的规范就是科学这个“小”社会须臾不可或缺的“科学道德准则”，它支配和约束着所有从事科学活动的人。

“科学社会学之父”默顿将科学共同体所应遵循或具有的行为规范称为科学的精神气质。他说：“科学的精神气质是有感情情调的一套约束科学家的价值和规范的综合。这些规范用命令、禁止、偏爱、赞同的形式来表示。它们借助于习俗的价值而获得合法地位。这些通过格言和例证来传达、通过法令而增强的规则在不同程度上被科学家内在化了，于是形成了他的科学良心，或者如果人们愿意用现代术语的话，也可以说形成了他的超我。”① 默顿把这些规范或精神气质概括为五个方面。

一、普遍主义

普遍主义是指处于同一共同体的科学家都深信科学的真理具有普遍性，是放诸四海而皆准的，不因科学家所属的阶级、种族、民族、国籍等因素的变化而改变。这意味着科学的大门向一切人敞开着，任何人都有进入科学事业殿堂的自由，任何人都不应该由于出身、信仰、种族等原因而被排除在科学的大门之外，科学中的任何结论或理论都不应该由于与某种意识形态或“主义”相冲突而遭到拒斥，否则就违背了科学精神。这种普遍主义体现了科学的民主内涵，是科学最重要的精神气质，是科学与非科学、伪科学最主要的区别。

默顿把普遍主义设定为科学的“第一精神气质”是有来由的。人类历史上曾经有过科学的普遍主义规范遭到蔑视和践踏从而损害了科学的精神气质的惨痛教训。第一次世界大战期间，由于战争使人们分属不同的阵营，导致许多德国科学家与英、法科学家互相攻讦，不顾科学的普遍主义规范，指责“敌人”的科学成果充满民族偏见，欺世盗名，不学无术，缺乏创造性。第二次世界大战爆发前后，纳粹德国大肆鼓吹种族主义理论，宣称其他民族都是“劣等”种族，只有雅利安民族是世界上最高贵、最优秀的种族，雅利安人的科学才是真正的科学，他们把伽利略、牛顿这些伟大的科学家都说成是雅利安人。相对论的创立者爱因斯坦由于属于“邪恶”的犹太人而被迫出走异国他乡，其理论也被打成“伪科学”。在20世纪40年代的苏联，李森科借助政治力量宣布摩尔根的遗传学是资产阶级的伪科学，只有米丘林的学说才是无产阶级的真正的科学。在中国，普遍主义规范也在相当长的一段时间遭到严重扭曲。在史无前例的“文化大革命”中，作为现代物理学

① ［美］R. K. 默顿：《科学的规范结构》，艾心译，《科学与哲学》1982年第4辑。

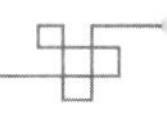

两大支柱之一的相对论受到了令人啼笑皆非的“批判”：“光速不变原理”是狭义相对论的两大前提之一，但因其主张光速“不变”而被斥为形而上学。相对论本身也因为有“相对”二字而被望文生义地批判为相对主义，甚至连爱因斯坦的人格也遭到恶毒攻击：“他一生三易国籍，四换主子，有奶就是娘，见钱就下跪。有一点却始终不渝，那就是自觉充当资产阶级恶毒攻击马克思主义的‘科学喉舌’。”[①] 结果，无论是在纳粹德国还是在20世纪40年代的苏联和“文革”时的中国，科学的正常发展都受到了很大的影响，苏联由于批判遗传学，致使该学科的发展水平长期落后于发达国家。这些事实告诉我们，决不能违背普遍主义规范，否则受惩罚、受伤害的将是科学本身。

二、公有主义

公有主义是指肯定科学发现本质上是社会合作的产物（科学史上诸多同时发现的例子证明了这一点），因而科学的成果应该属于整个科学共同体以至于整个社会，科学家无权独占他的科学发现。所以，对科学成果或科学知识必须实行公开性原则，而不能像技术成果那样实行保密或专利制度。对一个为社会作出了贡献的科学家来说，他所得到的唯一奖励或“财产”就是因为拥有某项发现的优先权而获得同行的认可和社会的承认，除此以外，他没有任何私有财产。而当他一旦获得了某项发现的优先权这一名誉后，他对其科学成果就不再拥有其他的权利了，因而不能任意支配，因为此时这位科学家的科学贡献已经成为科学社会的共同财产。

在科学共同体中恪守公有主义规范对科学的健康成长是十分必要的。充分的、公开的学术交流，有助于砥砺思维，开阔科学家的视野，扩大其知识面，帮助他们更好地提出问题和解决问题。相反，如果对科学成果进行保密，不仅这一成果得不到科学界公开的承认，使科学家本人及其所属国家错失这项发现的优先权，更为严重的是，这样做很有可能延缓科学的发展。以非欧几何的发现为例，本来“欧洲数学王子”、德国数学家高斯和俄国数学家罗巴切夫斯基、匈牙利数学家鲍耶几乎同时发现了非欧几何，但这项发现的荣誉最终却归功于后两人而不是高斯，原因即在于高斯虽早已得出和后两

---

① 转引自屈敬诚、许良英《关于我国“文化大革命”时期批判爱因斯坦和相对论运动的初步考察》，《自然辩证法通讯》1985年第1期。

人类似的结果，但出于种种考虑，他并未将自己的结果加以公布，这不仅使这位神奇的科学天才的功劳簿上令人遗憾地少了一项重大的科学成就，更为严重的是，与这位当时在欧洲科学界具有举足轻重地位的权威对非欧几何的暧昧态度有很大关系，导致非欧几何的被承认和产生重大影响被延误了许多年。

公有主义规范还保证了科学的积累性和继承性。因为任何科学活动都有赖于对科学遗产的继承，如果科学成果是保密的而不是公开的，任何科学活动将无以为继，只好一切从头再来，这实际上就是使科学停滞不前。对此，许多科学家是清醒的。明白了这一点，牛顿的那句名言就不能完全看作他的自谦了："如果说我看得更远一些的话，那是因为我站在巨人的肩膀上。"

三、竞争性

科学活动是一种具有高度创造性的智力活动。和一切人类活动一样，科学活动只有通过竞争才能获得发展，只不过科学竞争和其他竞争在内容与表现形式上有所不同。由于公有主义规范的约束，科学家并不像普通人与其物质财产的关系那样拥有对其所获得的科学成果的垄断权，因此，衡量科学成果和科学家本人水平的标准只能是科学家所获得的科学成果的独创性。这样，科学竞争并不表现为物质利益等方面的争夺，而主要表现为发现的优先权的争夺：谁在优先权的争夺中占得先机，谁的科学成果的独创性就获得了科学界的承认。而"承认是科学王国的通货"（默顿语），只有肯定和重视优先权的争夺，才能促进科学的发展。因此，科学活动必须鼓励竞争，科学共同体应该把独创性视为最高的价值，这就是为什么独创性历来倍受科学界重视、科学的奖励制度以优先权作为基础的根本原因。

受传统观念影响，人们向来不认为名和利是什么好东西。儒家的鼻祖孔子认为，君子喻于义，小人喻于利。在西方思想界，名和利的声誉也不佳。在素来被认为是以追求真理为己任的科学中，名和利更是被人们嗤之以鼻。在许多人看来，科学是一片神圣的净土，科学家是不食人间烟火的圣徒，如果以这种高度理想化和纯粹化的科学观来看优先权的争夺，这种争夺可谓是大逆不道的，至少是某些科学家人格不高尚的表现。18 世纪牛顿和莱布尼茨关于发现微积分的优先权的争夺就被作如是观。然而，默顿不赞同这种看法，他在对此问题进行了大量科学史的考察后认为："把关于优先权的这些经常性的论战说成是根源于人类天性的自我中心主义，几乎什么东西也解释不了；把他们说成是根源于受雇于科学的那些人的好争论的天性，可以解释部分东西，但还不够。我认为把这些论战说成大体上是科学本身体制方面的规范的产物更加真实。……正是这些规范对科学家施加了压力要他们去维护他们的权利。”① 在默顿看来，尽管对优先权的兴趣（一种心理倾向）可能源自人类（科学家）的自我中心主义倾向，但对优先权的争夺（一种实际行为）即对科学的竞争性规范的践履，本质上却不能视为科学家在追逐名利，更不能简单地归咎于科学家的个人品质，而主要是一种竞争性的规范及其体制化的必然结果。而且，从实际情形来看，对优先权的这种争夺从总体上说对科学的健康发展是有利的，尽管争夺的过程中也难免出现一些不光彩甚至丑恶的行为。

四、不谋私利的精神

自古以来，科学的目的就被认为是追求真理，即如实地描述世界的本来面目。即使在科学已经高度职业化（这意味着科学已成为一种谋生的职业和手段）的今天，大多数人还是愿意将科学理解为对真理的不谋私利的求索，仅仅在次要的意义上才看成谋生的手段。既然这样理解科学的目标和追求，那么，要求科学家应具有求知的热情、永不满足的好奇心和造福人类的利他主义精神（总体上可称为诚实性）就是顺理成章的，也完全符合科学的本性和利益。

不过，这里的所谓诚实性具有科学领域本身的特定内涵，与通常意义上的诚实并不完全相同，它主要不是指科学家的个人品质（尽管科学家的个人品质对能否保证科学的诚实性具有很大的影响），而是指为了科学的正常和健康的发展而对科学活动进行必要的控制的规范和制度。具体说来，这主要是指科学成果的可证实性或可检验性、可重复性以及是否能够得到同行或科学共同体的认可。科学之所以需要诚实性规范，原因就在于，在科学活动中存在着关于发现的优先权的激烈竞争，这种竞争的结果将可能决定科学家在科学金字塔中的“座次”，把科学家分成三六九等，从而极大地影响科学家的各种利益（包括名誉、地位和收入等），这就可能导致一部分科学家用不正当的手段展开竞争。为了科学的健康发展，要求科学家具有不谋私利的精神和诚实性的品格（而且具有可操作性和具体的内容：可证实性、可检

---

① ［美］R. K. 默顿：《科学发现的优先权》，梁前文译，《科学与哲学》1982 年第 4 辑。

验性和可重复性）就是完全必要了，否则科学的发展必将受到极大的损害。

五、合理的即有条理的怀疑主义

怀疑主义是指科学家绝不应未经任何分析和批判而盲目接受任何东西，任何事物都应该在科学理性的法庭面前接受审判从而决定其命运，既包括科学的概念、定律、原理和理论以及关于自然的一些基本观念，也包括在科学以外的社会活动领域中某些已被公认的或已经制度化的社会规范。这就是说，批判性是科学的本性，为了获得真理，科学必须敢于怀疑任何现成的结论、公认的教条，墨守成规、不敢越雷池一步，与科学的本性是不相容的。科学史表明，伟大的科学家尤其是那些开风气之先的科学革新者，无一不具有强烈的批判精神，没有这种精神，哥白尼不可能推翻托勒密的地心说而创立日心说，也正是由于具备了这种怀疑和批判的精神，爱因斯坦才敢于挑战经典力学的绝对权威而创立相对论。

需要指出的是，这里所说的怀疑，与哲学上的怀疑主义并不是一回事，在它前面有一个限定词“合理的”或“有条理的”，这就是说，科学的怀疑精神并不是像哲学的怀疑主义所主张的那样没有任何理由地怀疑一切，且对任何结论都不加区别地、“一视同仁”地予以怀疑。对科学家来说，这种哲学意义上的怀疑对科学的发展非但没有好处，反而有可能阻碍科学的成长。试想，如果对一切都加以怀疑，那么就没有任何结论值得人们信任，这将导致没有任何结论有资格作为科学（相对不可移易）的推理前提，从而使科学失去发展的可能性。因此，科学的怀疑应是有具体的根据和理由的怀疑，而不是不分青红皂白地怀疑一切。对一个合格的科学家来说，既不能不加分析地接受一切，也不能不加分析地怀疑一切。

第三节　科学与非科学的划界

一、科学与非科学划界问题及其意义

科学与非科学的划界问题就是如何区分科学与非科学的问题。这里的科学指经验科学，包括物理学、化学、天文学、地学、生物学等基础自然科

学，医学、农学、材料力学等应用科学或技术科学，以及经济学、社会学、心理学等社会科学，“非科学”一词在这里不带任何贬义（除其中的伪科学以外），意指一切属于非经验科学的学科，如数学、逻辑学、哲学、巫术、神话、宗教以及伪科学（如占星术、炼丹术）。从古希腊的柏拉图起，就有不少哲学家直接或间接地研究过这一问题，只不过由于以前科学还不发达，科学和哲学的分野还不明显，这一问题提得还不够明确，也没有引起学者们的足够重视。19 世纪中后期，随着科学地位的日益提升，实证主义得以兴起并流行开来。这一哲学流派的目的就是试图把科学从自然哲学等一切思辨哲学的影响和束缚下解放出来，用他们的一句曾经十分流行的口号来说，就是“拒斥形而上学”。因此，他们非常重视科学与“形而上学”的区别问题，这实际上提出了科学与非科学的划界问题。后来的波普尔更是非常明确地提出了这一问题，他的证伪主义的直接动机就是力图在科学与非科学之间划出一条比较清晰明确的界限，虽然他这样做并不是为了贬抑非科学，这点与实证主义是有所不同的。

必须指出的是，划界问题是科学与非科学的区分问题，但它不能等同于真理与谬误的区分。受传统科学观（准确地说是常识的科学观）的影响，在日常生活中，人们总是倾向于把科学等同于真理，将非科学视为谬误，因此自觉不自觉地把划界问题混同于真假问题。这样做不但不正确，而且极易导致一种“科学独断论”，即把科学视为真理的化身或储存真理的仓库，而非科学则一无是处，甚至充满邪恶。这种看法不仅不符合科学发展的实际（因为在现实的科学发展过程中，并不是仅有真理，而是常常充满着大量的错误或谬误），而且与科学的宽容精神、民主精神背道而驰，容易导致以科学的名义扼杀那些被认为是“非科学”的学科的发展，严重的甚至可能将作为学术问题的划界问题与政治问题混淆起来（如以某种意识形态的标准将某些学科或理论轻率地斥为“伪科学”）。这方面，20 世纪 40 年代的苏联、“文革”时的中国都有过沉痛的历史教训，对此我们决不应该忘记。

既然划界问题并非真假问题，那么它到底是什么问题？讨论这一问题究竟有什么意义？其实，划界问题与我们前面讨论过的“什么是科学”这一问题具有十分密切的关系，可以这样说，它是“什么是科学”这个问题的继续，或者反过来说，讨论划界问题，可以进一步强化我们对科学的认识，把握科学的性质，明白科学究竟是什么。只不过前面的内容是直接、正面地了解科学，而划界问题则侧重于集中地、系统地探讨科学与非科学的区别，两者的目的都是为了加深对科学的理解。就划界问题而言，虽然在日常生活中，大多数人并没有系统地探讨过这个问题，但这并不是说他们对此问题从未关心和思考过。比如，关于中医的科学性问题，自新中国成立以来，乃至今天一直受到很多人的关注。有人认为中医不是科学，因为它没有实验，它的大多数结论很难通过实验加以检验，而另一些人则肯定中医是科学，理由是它能够治病救人。这些看法实际上都隐含着科学与非科学的划界标准：前者以实验或检验证据作为划界标准，后者则以有效或效果作为标准，这说明通过对划界标准的探讨可以加深我们对科学的认识和理解。而如果划界标准有问题，则将导致对科学的认识和理解上的偏差。比如，当初逻辑实证主义热衷于划界问题，目的在于通过严格划分科学与非科学的界限从而拒斥非科学，抬高科学的地位，由他们那种僵硬的、缺乏历史感的分界标准所演绎出来的科学观在相当长的时期内成为科学哲学界占统治地位的观点。在这种科学观看来，科学（主要指自然科学）几乎就是人类理智认识客观世界的唯一形式，是真理的唯一来源，科学之外无真理，科学就是真理，科学与谬误毫不搭界。如果说在科学的历史发展过程中也曾经出现过错误的话，那也只是偶然的，并且早已成为历史，而历史并不是科学的一部分，真正的科学是没有历史的。

令逻辑实证主义始料不及的是，随着人们对划界问题研究的加深，越来越多的人开始质疑这种“正统”的科学观。特别是20世纪五六十年代历史主义登上哲学舞台后，这种非历史的科学观遭到彻底的“拒斥”。人们逐渐认识到，科学与任何其他事物一样是一个社会历史过程，其间充斥着各种谬误甚至荒诞不经的东西，并不像以往人们想象的那样“纯洁”，那样与世无争、不食人间烟火，它只是人类理智把握客观世界的一种形式，虽然是特殊的、被证明是非常有效的形式，但绝不是唯一的形式。无论是从整体的人类社会活动的角度出发，还是从次一级的人类理智认识活动着眼，科学与“形而上学”等“非科学”的人类认识形式都既有很大的不同，也有诸多密切的联系和相似之处，二者之间并不存在逻辑实证主义所想象的那种泾渭分明的绝对的界限。对此，伟大的科学家和哲学家爱因斯坦有深刻的认识：“当这个世界不再能满足我们的愿望，当我们以自由人的身份对这个世界进行探索和观察的时候，我们就进入了艺术和科学的领域。如果用逻辑的语言来描绘所见所闻的身心感受，那么我们所从事的就是科学。如果传达给我们的印象所假借的方式不能为理智所接受，而只能为直觉所领悟，那么，我们所从事的便是艺术。"[①] 这样，科学的历史本性即科学的本质具有多质性、变动性，它也同时具有哲学和艺术的品质，科学与非科学并没有绝对的、固定不变的界限的观点逐渐成为科学哲学界的共识。

当然，对科学的这种认识并不是要抹杀科学与非科学的区别，模糊科学与非科学的界限，只是要提醒人们注意，当我们谈论二者的区别和界限时，一定要具有历史的、辩证的眼光和视野，切不可将这种区别和界限绝对化，以形而上学的态度对待这种区别和界限：二者之间要么没有任何区别，要么根本不同，水火不相容。全面地讲，对划界问题的探讨，可以使我们对科学与非科学的关系有一个较准确和清醒的把握，既不会因为要"划界"而夸大科学与非科学的差别，无视科学的历史本性，也不会因为强调辩证地看待划界问题而抹杀科学与非科学的区别，甚至让伪科学得以在科学的神圣殿堂大行其道。这样，我们就能够较好地把握科学的本质，从而有利于科学的健康发展，捍卫科学的尊严和社会形象，因此，只要我们辩证地看待科学与非科学的划界问题，这一问题还是具有重要意义的。

二、科学与非科学的划界标准

如果说，科学哲学这门学科就是围绕着"科学究竟是什么"这一问题来做文章的话，那么，由于这一问题和科学与非科学的划界问题具有极为密切的联系，因此，探讨科学与非科学的划界标准就成为科学哲学中的一个十分重要的问题。但正如上文所指出的，由于科学的历史的和辩证的本性，这种划界标准既不可能是唯一的，也不可能是固定不变的。因此，我们不可能完整地列出使一种事物成为科学所应具备的充分条件，但一般地说，我们还是可以指出这种事物要成为科学所应具备的必要条件。所谓科学与非科学的划界标准，主要是从后一种意义上来说的。在此，我们提出两项条件来作为衡量一种东西是不是科学的基本标准，就是说，要成为科学必须满足这两项条件，否则一般不能称为科学。这两项条件，一为系统性，一为可检验性，相对而言，后一项更为重要。而关于前一项即系统性，前文已有较多论述，这里不再重复，重点谈谈可检验性。

所谓科学知识应该具有可检验性，是指科学追求的知识应该是有经验根

---

① ［美］海伦·杜卡斯、巴纳希·霍夫曼编选：《爱因斯坦谈人生》，高志凯译，世界知识出版社 1984 年版，第 39～40 页。

据、在经验上可加以验证的知识，这种“经验”和“验证”不是简单地诉诸感官的知觉（如所谓“眼见为实”），更不是道听途说，而是通过科学仪器和设备所进行的观察和实验，因此，这样的经验和验证具有严格的客观性和主体间的可共享性，这就使得科学知识是真正意义的经验知识，从而区别于其他的知识系统。其他的知识也可能构成一个系统，并且也可能声称自己以追求真理为目标。比如，神学家就声称他们在追求关于上帝的知识，而且他们也同样重视这种“知识”的系统性（例如中世纪形形色色的关于上帝存在的“证明”就具有一定的系统性和逻辑性，而不可将其完全看成胡说八道）。从求真和系统性的角度来看，我们也许不一定能够看出科学与宗教有多么大的区别，但如果从可检验性的角度着眼则立刻可以看出，科学所追求的知识是可以诉诸经验来加以检验的，这种检验是客观的、精确的，可以得到所有检验者的一致承认。而宗教所追求的那种所谓的“知识”无论显得多么神圣、多么令人眼花缭乱，也不具有真正意义上的可检验性，即缺乏像科学那样的“铁一般”的经验证据，这一点从每一种宗教自创始之日起就派别林立、纷争不断就可得到证明。再比如，某位古代哲学家断言：“引力来源于物体之间的某种爱”，若以现代科学的眼光来衡量，这一断言是不科学的，原因在于：“爱”一般被认为是一种具有人文社会含义的感情，因而某甲对某乙是否存在爱以及爱的程度，无法通过客观的手段加以检验（不然的话“爱情骗子”就不会得逞了），所以，对“引力来源于物体之间的爱”这一命题，由于“爱”这一概念的模糊性和不确定性而不可能通过实验来加以检验，我们既不能说它是正确的，也不能说它是错误的，按照可检验性标准，我们只能将其归为非科学一类的东西。也许有人还要强辩说，可以把“爱”定义为物体之间的相互吸引，而相互吸引是否存在以及强度的大小是可以检验的。但这样一来，由于引力本来的含义就是物体之间的相互吸引，这就导致上述断言成为一个同义反复的断言（“物体之间的相互吸引来源于物体之间的相互吸引”），从而失去了任何的意义和价值。看来，可检验性是科学的一条最重要的、不可动摇的底线，把握住了它，虽说仍有可能将一些实际上是科学的东西暂时（而不是永远，因为是否是真正的科学理论最终还是要靠经验证据说话的，正如那句俗语说的：“是金子总会发光的”）排除在科学之外，但至少可以将那些或貌似科学或模棱两可或故弄玄虚而实际上言之无物的东西彻底清除在科学以外。

值得指出的是，这里所谓的可检验性并不能够被等同于可证实性，也就是说，断言一个陈述具有可检验性，并不是说这个陈述可以得到证实或已经得到证实。从逻辑的角度上讲，只有在一种很特殊的情况下——该陈述是严格的存在陈述（如“有一只白天鹅”）——可检验性才可等同于可证实性，在其他情况下——包括非严格的全称陈述（如“除澳洲的以外，世界上所有的天鹅都是白的”），局限的存在陈述（如“广州动物园有一只白天鹅”）和严格的全称陈述（如“所有天鹅都是白的”）——不可将检验性与可证实性等量齐观。实际上，大多数科学理论都以（严格）全称陈述的形式出现或可以改写为全称陈述的形式，而全称陈述在逻辑上不可能得到证实，但这丝毫不影响它们的科学性。这一点告诉我们，以逻辑实证主义为代表的那种传统的科学观或科学与非科学的划界标准——能够得到证实的理论就是科学的理论，而不能得到证实的理论就是非科学的理论——是站不住脚的。

还有一点必须提及，这里所说的可检验性是指一个陈述在原则上或理论上可以用经验证据加以检验，而并不要求它已经被检验过，也就是说，可检验性是一个逻辑性的概念（“可”字本身即具有逻辑的含义），而不是事实性概念。判断一个陈述是否具有可检验性从而是否是一个科学的陈述，应该在检验过程开始之前就已进行，而不是在检验结束以后“事后诸葛亮”般地说三道四。只要能够从被检验的陈述（加上某些初始条件）推演出至少一个可与观察、实验的结果加以比较的推断，这一陈述就可视为可检验的，即使由于技术原因暂时不具备检验的条件。

作为逻辑主义者，无论是逻辑实证主义还是证伪主义，都缺乏历史主义精神，因而它们提出的科学与非科学划界标准都显得生硬、僵化和呆板，缺乏弹性和适应性。逻辑实证主义认为有意义的命题才是科学的命题，否则就是非科学的命题。而所谓一个命题是有意义的，在逻辑实证主义看来是指这一命题能够用经验事实加以证实，否则就是没有意义的命题。这样，在逻辑实证主义眼里，科学的 = 有意义的 = 能够证实的。由于将“有意义”限定得过于狭窄（实际上，有意义的并不限于科学，非科学不等于没有意义），而“经验证实”严格讲来大多数科学理论又不可能做到，如果按照可证实性来判定一个理论的科学性，将可能把那些以全称命题形式出现的具有高度概括性和普遍性的理论排除在科学之外，这样，逻辑实证主义的划界标准在解决实际问题时遭遇到了难以克服的困难。

证伪主义者波普尔（亦译为波珀）认为，可以作为科学与非科学的划界标准的并不是可证实性而是可证伪性。他说：“我并不要求科学体系能在肯定的意义上被最终地挑选出来，我要求它具有这样的逻辑形式，它能在否定的意义上藉经验检验的方法被挑选出来：经验科学的理论体系必须可能被经验所驳倒。”[①] 这里所谓的可证伪性，并不是指一种理论在事实上已经被证伪，而是说它在逻辑上或经验上存在证伪的可能性，只有那些能够被经验反驳的命题即可证伪的命题才是科学的，否则就是非科学的。与逻辑实证主义相比，波普尔的这种证伪主义的划界标准有两个优点：首先，它特别重视和强调科学的批判性和革命性，认为批判态度是科学最主要的特征。其次，它认为一种好的、科学的理论是一种能够提供丰富的内容和信息量的理论，因为这样的理论被证伪的可能性较大。而那些不可证伪的理论，看似绝对正确，但正因为如此，无论发生什么情况，它们都不可能被驳倒，这使其不能够为我们提供有关这个世界的任何信息，这样的理论显然没有资格称为科学的理论。但证伪主义仍然存在着严重的缺陷：其一，全称命题确实不可证实而可以证伪，但科学理论并非都以全称命题的形式出现（证伪主义隐藏着这个并不符合科学实际的看法），有些重要的科学结论完全可以通过存在命题的形式来表达（如“宇宙中存在黑洞”）。如果硬要以能否证伪来衡量所有的科学理论，将可能排除掉某些有重大价值的结论。其二，证伪主义主张，当一种理论与检验结果相矛盾时，就应该毫不犹豫地抛弃这一理论。但这种方法论主张与科学史有很大的出入，实际上，科学家常常反其道而行之。日心说刚刚提出来的时候有利于它的证据并不多，而不利的证据却不少，但日心说的支持者并不理睬这些反例，而是继续坚持这一学说，最后终于使之获得了成功。事实上，科学是有韧性的，也是需要韧性的，不会一遇到“反例”就被轻易“证伪”了。

与逻辑实证主义和证伪主义相比，以库恩为代表的历史主义学派的视野要广阔得多，他们并不像逻辑实证主义和证伪主义那样对科学持一种狭隘的逻辑主义立场，而坚持认为科学是一种社会活动和社会事业，它与社会的其他精神活动形式存在着不可分割的相互联系，发生着不可忽视的相互作用，因而科学与非科学之间并没有不可逾越的鸿沟，不可能找到一种绝对有效和普适的标准将科学与非科学清晰地划分开来。但以库恩、拉卡托斯为代表的温和的历史主义者也不否认研究划界问题的必要性，承认划界标准的存在，不过，他们（尤其是库恩）提出的划界标准——范式标准或研究纲领标准——仍带有不少相对主义和非理性主义的色彩。而以费耶阿本德为代表的极端的历史主义则走过了头，他们提出“怎么都行”的口号，完全抹杀科

① ［英］K. R. 波珀：《科学发现的逻辑》，查汝强、邱仁宗译，科学出版社1986年版，第15页。

学与非科学的任何差别，否认划界问题的重要性和划界标准的存在。这种观点遭到了大多数理智健全的科学哲学家的一致反对。

西方科学哲学的科学划界理论要么陷入绝对主义（逻辑实证主义和证伪主义）、要么陷入相对主义（历史主义，尤其是以费耶阿本德为代表的极端历史主义）的一个非常重要的原因在于，它们总是局限于从人类理智活动以及结果的层面来看待科学。这一点在逻辑实证主义和证伪主义那里是显而易见的，不过，即使是历史主义也基本如此。不同的是，虽然都是从人类理智的角度出发来看待科学，但前者是由于把理智活动与人类的其他活动隔绝开来而陷入了绝对主义，后者看到了理智与其他人类活动形式的密切联系，这诚然是一个很大的进步，但遗憾的是，它又由此而走向了另一个极端，以为既然理智活动与其他活动有如此密切的关系，其他人类活动（如哲学、宗教、艺术等）充满着价值和不确定性、主观性，那么科学的理智活动也同样没有客观性和真理性，这就滑向了相对主义。但如果我们能站在马克思主义的实践唯物主义哲学的立场看问题，则无论是绝对主义还是相对主义，都是可以避免的。

从马克思主义的观点来看，科学不仅是人类的一种理智活动以及作为这种活动的结晶的理论和知识的体系，它还有一个以往被严重忽视的很重要的方面，那就是它通过技术和工业与社会的紧密关联，即科学转化为生产力后对社会进步的巨大作用。因此，不应该仅仅从认识论的角度把科学单纯地看作一种精神的智力活动，而必须从现实的、感性的活动即劳动、实践和工业的角度来理解科学，理解科学划界问题，因为人与自然的关系首先地、主要地不是一种理论的关系，而是一种以感性活动为基础的实践关系。从这一观点来看待划界问题，那么在科学活动中，人们所提出的种种关于对象的理论假设必须在实践中经受检验，这既包括科学实验的检验，也包括工业这种实践活动的检验，后者也就是要求科学理论回到使科学活动能够有效进行的前科学劳动和后科学应用的过程中接受检验。这种双重检验不仅由于扩大了检验面而增加了检验的可靠性，更重要的是，它们作为实践活动，具有强烈的现实性品格和实实在在的客观效果，从而最终能够将科学的理论与一切非科学的东西区分开来。显然，这要比简单地诉诸证据与理论之间的逻辑推演关系来判断理论的真伪具有更强的现实性和可靠性。正如恩格斯所说："对这些以及其他一切哲学上的怪论的最令人信服的驳斥是实践，即实验和工业。既然我们自己能够制造出某一自然过程，按照它的条件把它生产出来，并使它为人们目的服务，从而证明我们对这一过程的理解是正确的，那么康德的不可捉摸的‘自在之物’就完结了。”① 但同时它又不像后者那样僵化地、绝对地看待确定性和可靠性，不追求那种非历史的、一劳永逸的证实或证伪。也正是在这一意义上，我们在前面把可检验性作为科学与非科学的划界标准，并且声明，这一标准只是划界的必要条件，而不是充分条件。因为，按照马克思主义的观点，由于科学的、实践的和历史的本性，我们不可能为科学之为科学找到一组固定不变的所谓“充分条件”。但科学之为科学的“必要条件”还是存在的，否则科学将不成其为科学。

第四节　科学发展的内在矛盾

科学是一个相对独立的知识体系，它除了受到各种社会因素如经济、政治和文化的强烈影响外，也有其相对独立的发展规律，表现为各种复杂因素相互交织的矛盾运动。这些矛盾包括：科学理论与科学实验的矛盾，不同理论之间的矛盾，科学的分化与综合的矛盾，科学的继承与创新的矛盾，等等。

一、科学理论与科学实验的矛盾

科学理论与科学实验的矛盾是贯穿整个科学发展过程的一对基本矛盾，在所有影响科学发展的内在因素中，应该说这对矛盾是基础性、关键性的因素。考察科学发展的内在矛盾，首先必须对此予以足够的重视。一般地、概括地说，科学理论与科学实验的关系是：科学实验是科学理论赖以建立的基础和向前发展的动力；而科学理论对科学实验的构思、设计和实施具有启发、定向和指导作用。正是理论与实验的这种相互作用推动着科学的发展。

（一）科学实验是科学理论的基础

从马克思主义的实践唯物主义认识论的观点来看，作为人类认识的一种形式，科学的产生和发展是以人类的实践首先是生产实践为基础的。正如恩

① 《马克思恩格斯选集》第 4 卷，人民出版社 1995 年版，第 225～226 页。

格斯所说的："科学的发生和发展一开始早就被生产所决定。"[①] 不过，近两三百年来，特别是20世纪以来，情况有所变化：一方面，在科学内部，科学实验日益发达，在科学研究中的作用也越来越重要，这导致实验逐渐与理论相对分离而自成一体（所谓理论科学与实验科学之分）；另一方面，在科学外部，随着生产的发展特别是生产与科学技术关系的日益密切，实验也不再依附于生产而从生产实践中分化出来，成为一项独立的社会实践活动（毛泽东在《实践论》中就把实践分为生产斗争、阶级斗争和科学实验三种基本形式）。因此，在现代社会，科学实验已基本取代一般的生产实践而成为科学理论建立和发展的直接基础。这样说当然并不是完全否认生产实践对科学发展的直接作用，实际上，无论在什么时代、什么社会，科学的发展在终极的意义上都离不开生产的推动作用，承认科学实验是科学理论的直接基础与此并不矛盾。况且，科学实验本身就是人类实践的一种形式，认为实验是科学理论的基础并不违背马克思主义哲学认识论的基本观点，相反，恰恰是深化和发展了这一理论。

那么，应当如何理解科学实验是科学理论的基础这一观点呢？我们认为，应当从以下几点着眼：

（1）理论的建构极大地依赖于实验所提供的经验材料。科学理论与非科学的学说、不科学的臆测、伪科学的胡说八道最根本的区别，恐怕就是前者建立在实验所提供的材料基础上，因此是有相当根据和理由的。近代科学之所以被称为实验科学或实证科学，科学家之所以那么重视实验，原因皆出于此。即使在科学日益抽象、日益远离其经验基础、日益依赖于科学家的"思维的自由创造"的今天，它也不能离开实验。如果科学及其理论离开了实验，将会成为无源之水、无本之木，其生命力将会终结，科学与伪科学的区别将不复存在，其结果必将是科学的自毁长城。所以，重视实验，使理论尽可能有较多的实验根据，是关系到科学生死存亡的战略大事，决不可等闲视之。就此而言，经验主义科学观至今仍有其不可抹杀的意义。

当然，对待理论的经验来源问题必须有一个辩证的态度，否则将陷入片面的、肤浅的经验主义。当我们说理论应当建立在实验所提供的材料的基础上时，有两点必须加以注意：

第一，这是就理论与实验的整体关系而言，并不是主张科学家放弃自己的主观能动性，在每一次的理论创造过程中，都完全依赖于实验，在缺乏实

---

① 恩格斯：《自然辩证法》，人民出版社1984年版，第27页。

验根据或实验根据不太充分时，不敢大胆地、自由地运用想象和猜测去建立理论。事实上，科学史上从来没有任何一个理论是单纯凭借经验材料就得以建立的，如果真是这样，那就有可能造出“归纳机器”，科学家只需操作这台机器而无需发挥多少主观能动性就可以进行科学创造。正如恩格斯所说的，单凭经验是不可能充分证明必然性的。在处理理论与经验（实验）的关系方面，爱因斯坦为我们提供了很好的榜样。

第二，这是就科学（尤其是自然科学）的整体发展而言的，并不是说其中的每一个学科、每一个部门在与实验的关系上都完全一样。实际上，有些学科由于自身固有的特点，与经验或实验的关系并不十分密切，或比较间接（有些甚至根本就不存在什么实验），尤其是在它已经发展得比较成熟时，这样的学科的发展往往更多地依赖于自身内部的矛盾的存在以及解决，在这方面，数学是最典型的例子。如果说早期数学还主要依赖于生产和生活的话（如早期几何学就来源于对土地的测量），那么，近代以来的数学则越来越多地取决于学科内部所提出的问题，而这些问题大多与生产和生活没有太大的关系。例如，非欧几何的产生就得益于对欧氏几何第五公设即平行公设的研究，与生产、生活并没有直接的关系。

（2）实验是理论发展的直接动力。相对于科学尚处在萌芽状态的古代，甚至科学刚刚兴起的近代，现代科学发展的直接动力一般不再是通常的生产实践，而是经过严密构思、严格设计的实验即所谓受控实验。研究对象和课题的提出，新材料和新事实的发现，这些方面在现代科学中一般都有赖于科学实验的作用，离开了系统的科学实验，单纯依赖于生产，几乎是不可能提出任何理论的，也很难想象科学会有多大的发展。正因为这样，所以，一个国家的实验设备的水平往往决定它的科学发展的整体水平，这也是“大科学”时代科学发展的一大特点。如19世纪末20世纪初的现代物理学的革命（X射线、放射性和电子的发现），如果离开了实验，是根本不可能发生的。

（3）实验是检验理论真理性的标准。不仅理论的提出依赖于实验，而且可以说，理论的确立在更大的程度上依赖于实验。在科学发展的过程中，有一些理论（如相对论）可能与实验的关系并不大，或并不直接，而更多地取决于科学家本人的“思维的自由创造”（如猜测和想象的能力）。但无论多么大胆的猜测和想象，无论表面上看起来多么伟大的理论，要被人们相信，要能够被称为真理，最终还是要凭证据说话的，而所谓证据正是来自也只能来自实验，实验及其所获得的证据是裁决一种理论的即使不是即时的也是最终的标准。如果对一种理论是不是真理不以此为判据，或根本取消任何（客观的）判据，那么科学将失去任何得以标识自身的东西，科学与伪科学之间将不会有任何实质性的区别，其结果就是伪科学得以冒充科学大行其道，而真正的科学却可能已经寿终正寝了。

（二）科学理论对科学实验具有定向和指导作用

只要我们还把科学视为追求真理的事业，肯定实验对于理论的基础作用，无疑就是正确的。但如果对于这一点抱着极端经验主义的立场，认为既然实验、经验和事实是理论确立的基础，那么前者就是完全不依赖于后者的纯“中立”的东西，后者对前者没有任何的作用和指导意义，那就错了。在这个问题上，只有辩证法的观点才是唯一正确的，那就是：理论既来自实验又反过来指导实验。二者的关系不是一种简单的时间先后的关系，而是一种循环的、相互解释的关系。

（1）科学实验绝不是纯经验的盲目的活动，而必然具有一定的目的和方向。那么，是什么赋予实验以目的和方向？是科学理论。离开了理论，实验就只能是没有目的的盲目的活动，这样的活动与日常的经验活动没有多大的区别，不可能带来任何重要的科学发现。海王星的发现就是一个典型的例子，如果不是亚当斯和勒维烈根据牛顿的万有引力定律预言了这颗当时还是未知的行星的存在，加勒是不会把望远镜对准天空从而发现海王星的，即使对准了天空，那种漫无目的的观察也是不会有什么结果的。

（2）实验的设计和实施离不开相关理论的指导。实验的目的确定后，紧接着就是设计实验并加以实施。与实验目的的确立一样，实验的设计和实施也离不开理论的指导。无论是实验装置和仪器设备的设计与安装，还是实施实验的具体步骤，都必须在相关理论的指导下进行，科学史上许多著名的实验就是这样进行的。自然科学各专业的学生在进行实验前被要求做好各种准备工作也是同样的道理。

（3）实验完成后，实验者应对实验结果进行分析、判断、概括和总结。而离开了理论的指导，这一切都是不可能完成的。实验者只有在理论的引导和帮助下，才能对实验结果进行正确的、有价值的整理和加工。所谓整理和加工，本身就意味着需要理论的参与，没有理论的参与，不可能有什么真正的整理和加工，甚至连实验结果究竟是什么或意味着什么都不可能弄明白。正因为这样，所以科学发现绝不是一个纯经验的过程，绝不仅仅是一个简单的“看”的问题。科学史上许多“看到”了某种现象但却让真正的发现从自己的鼻子尖溜走的事例（如氧气的发现、X 射线的发现）就表明了这一点。

二、不同理论之间的矛盾

在科学的发展过程中，科学实验处在一个比较特殊的地位：相对于一般的社会实践即生产和生活，实验属于影响科学发展的“内部因素”，而相对于科学理论而言，实验又处在理论的“外部”。也就是说，在影响科学发展的总的“内在矛盾”或“内部因素”中，既有理论与实验这一“内部因素”中的“外部因素”，也有不同理论之间的矛盾这一“纯”“内部因素”。科学史表明，在科学的发展过程中，对同一个研究对象，产生各种不同的观点或理论，出现激烈的学术争论，甚至形成不同的学派，这是一种十分常见的现象。正是这种现象的存在，推动着科学的不断发展，如果这种现象消失了，特别是如果人为地用某种非学术的手段扼杀这种现象，就意味着科学的生机停止了。

在科学研究过程中，不同观点、理论和学派的存在既有客观的原因，也有主观原因。客观原因在于，科学研究的对象本身就是一个由各种复杂因素相互交织而构成的矛盾统一体，这一矛盾统一体不仅可能在现象上表现得错综复杂，让人难以一下子理清头绪，而且其本质也是分级分层的，其暴露也有一个过程，任何认识者对它的了解都不可能一蹴而就。主观原因则在于，作为认识主体的科学家，既由于认识能力和认识水平以及经验上的差异，也因为各自所信奉的世界观、所运用的科学方法、所掌握的经验材料和所处的时代状况的不同，对同一个对象的认识也就难免产生分歧甚至激烈的争论。认清了这些主客观的原因，也就不会对科学研究过程中不同观点、理论和学派的存在感到不可理解了，从而就有可能宽容地、正确地对待这一现象。

因此，科学研究过程中不同观点、理论和学派的争论，将可能有多种不同的结果，而绝不可能是简单的非此即彼。概括地说，这种争论的结果或对这种争论的解决形式有以下几种情况：

（1）以比较正确的理论代替错误的理论。如在燃烧的本质问题上氧化说代替燃素说、在热的本质问题上热之唯动说代替热质说就属于这种情况。

（2）以比较全面的理论代替片面的理论。如在光的本性问题上，片面的微粒说和波动说被较全面的波粒二象性假说所取代。

（3）以比较深入的理论代替表面的理论。如 19 世纪 60 年代，门捷列夫提出元素周期律，取代了以前流行的各种经验的、表面的理论，如“三素组”“八音律”等。20世纪初，量子力学产生后，对元素的本质有了更深入的认识，又使人们对元素周期律的认识上升到了一个更高的层次。

（4）以更普遍的理论代替原有的适用范围比较狭窄的理论。如今天人们已经认识到、过去以为“放诸四海而皆准”的经典力学实际上只适用于宏观、低速的情形，它只是范围更广泛的量子力学和相对论在宏观、低速条件下的极限情形。

上述情况表明，在科学研究过程中，不同理论之间的争论不仅是一个客观存在的事实，而且对科学的健康发展有十分积极的作用和意义。科学不怕争论，真理越辩越明，科学正是在不同观点和理论的交锋中向前发展的，科学的发展史就是一部不同观点和理论的交锋史。不同观点和理论的争论对科学的发展来说不但不是坏事，而恰恰是科学事业繁荣和健康发展的标志与保证。如果在科学中只有一种声音在说话而没有不同的声音存在，可以想见，这对科学的发展来说是一种多么可怕同时也多么可悲的局面啊！对此，科学史有无数正反两方面的事例可资佐证，前者如中国春秋战国时期的“百家争鸣”的局面对当时的文化学术的繁荣的有利影响，物理学史上爱因斯坦和以玻尔为首的哥本哈根学派就量子力学的物理意义和哲学意义所进行的争论对量子力学深入发展的作用，后者如西方近代早期基督教会对地心说的独断维护和对日心说信奉者的残酷迫害导致作为科学真理的日心说迟迟不能被大众接受，20世纪下半叶苏联和中国科学界毫无根据地批判摩尔根的基因学说等科学理论造成各自的许多科学领域大大落后于世界科学的先进水平。能否真正贯彻“百花齐放，百家争鸣”的方针，对科学与文化的繁荣和健康发展至关重要。

三、科学的分化与综合的矛盾

（一）科学的分化

科学的分化是指一门学科在发展过程中逐渐形成若干既相互联系而又相对独立的分支学科的现象。这一现象既是科学发展的必然结果，也是科学发展的必要条件，同时它本身就体现了科学的进步，可以看作科学发展水平的一大标志。

比如，在古代早期，由于文化和学术的分化程度还很低，科学并未形成一个独立的部门，而是包含在自然哲学之中。此时的自然哲学既属于一种哲学探讨，也可以看成古代意义上的科学。后来随着学术文化的逐步繁荣，学科的分化初露头角，出现了天文学、数学和力学等学科。而到了近代，随着真正意义上的科学的兴起，人们对自然现象开始进行分门别类的研究，科学的分化与古代相比明显加快。而正是得益于这种分化，科学获得了加速度的发展。正如恩格斯所说："把自然界分解为各个部分，把自然界的各种过程和事物分成一定的门类，对有机体的内部按其各种各样的解剖形态进行研究，这是最近400年来在认识自然界方面获得进展的基本条件。"[①] 随着19世纪这一科学世纪的到来，力学、物理学、化学、生物学、地质学、天文学这些现代自然科学的主要学科都已经相继形成。而到了20世纪，科学的分化越来越迅速，学科越分越多，据统计，现代科学二级以上的学科已达6000多个。科学的这种分化表明，人类对自然界的认识即科学的发展水平已经达到了一个相当高的程度。

从辩证唯物主义的角度来看，一方面，现代科学的这种分化现象是有其本体论或客观的依据的，因此并不奇怪。在辩证唯物主义看来，物质的层次以及运动形式是科学的研究对象，每一门学科（或几门不同的学科）都研究物质的某一个层次或运动形式。由于物质层次以及运动形式具有无限多样性，每一层次和每一种运动形式又都有其特殊性，这就为科学的分化提供了客观依据。另一方面，科学的这种分化现象还有主观的即科学自身的原因。随着人类认识自然的能力的不断提高和认识方法的不断改进，科学必然向纵深方向发展，科学的分化势所必然。这种分化表现为两种形式：一种是纵向分化，即原有学科拓展了自己的研究领域，从而产生出新的分支学科。化学分化为无机化学和有机化学，生物学分化为植物学、动物学和微生物学就属于这种情况。另一种是横向分化，即将原来作为某一门学科的研究对象的内容分解开来，分别作为不同的研究对象进行研究，从而产生新的学科。如植物学分为植物形态学、植物解剖学、植物分类学、植物胚胎学、植物生理学和植物生态学等学科。很显然，经过分化后，科学研究对象的范围缩小了，但内容却更为深入和具体了。

（二）科学的综合

科学的综合是指两门或两门以上的分支学科通过相互影响和相互渗透从而形成一门新的学科的现象，它与科学的分化表面看起来是两个相反的过

---

① 恩格斯：《反杜林论》，人民出版社1970年版，第18页。

程，但在科学的发展历程中却一直在并行不悖地进行着。只不过在20世纪以前，科学的分化在科学的发展过程中居于主导地位，而到了20世纪30年代以后，随着科学的进一步发展，它在加速分化的同时，综合的趋势也越来越明显，在今天已逐渐成为科学发展的主导趋势和科学进步的主要方式之一。

科学综合表现了现代自然科学不同于近代科学的一大显著特征，即整体化。这种整体化主要体现在以下两个方面：首先，在每一门基础科学的内部，综合统一的趋势越来越明显，对这种综合统一的呼声越来越高。如在物理学中，以爱因斯坦为先驱，当代物理学家正在信心百倍地努力探索能够将四种相互作用力统一起来的所谓“大统一”理论；在生物学中，在经典的宏观进化论继续发展的同时，人们对生物遗传和变异的微观机制的探索也赋予了极大的热情，并日益表现出把宏观和微观的探索密切结合起来、从而建立完整的进化理论的势头。其次，交叉学科、边缘学科特别是横断学科的出现，使自然科学各学科之间的界限逐渐消失或模糊，使过去那种过于强调分门别类地对事物进行研究、因而使研究视野受到极大限制的现象日益难以为继，科学的整体化趋势日益显著。而在科学自身的整体化进程加快的同时，科学与技术以往那种明显的界限也在不断地缩小，科学技术化、技术科学化、科技一体化的趋势日益明显。这种现象的出现，使得100多年前马克思说的“生产过程成了科学的应用，而科学反过来成了生产过程的因素即所谓职能”[①] 真正变成了现实。

在辩证唯物主义看来，与科学的分化一样，科学发展中出现的这种综合的趋势同样有其客观的依据，这就是，作为科学研究对象的自然界既具有无限多样的形态，又具有高度的统一性，而这种统一性在自然科学中的反映正是科学综合这一现象。当然，自然界的这种统一性只是为科学综合提供了根据和可能性，要使科学的综合得以实现，还有赖于人类认识的深化。20世纪以前，科学的综合现象之所以不如科学分化那么明显，原因当然不在于自然界本身（自然界本身无论何时都是统一的），而在于当时的历史条件和科学发展水平的限制。到19世纪中期以后，随着像能量守恒定律这样一些具有全新性质的科学理论的产生，自然界本身所固有的联系的辩证本性才得以显现，科学的综合趋势才日益明显起来。正如恩格斯所指出的：“自然科学

① 《马克思恩格斯全集》第47卷，人民出版社1979年版，第570页。

现在已发展到如此程度，以致它再也不能逃避辩证的综合了。”①

当然，现代科学的发展并没有也不可能完全以综合取代分化，更不会只有一种发展形式。实际上，分化与综合都是科学发展的普遍形式。这是因为：第一，已如前述，科学的分化与综合都有自身的客观依据，这就是自然界事物的多样性和统一性。第二，从逻辑上看，科学的分化与科学的综合具有密不可分的联系。分化是综合的前提和基础，没有分化，综合就无从谈起。而综合又是进一步分化的前提，使分化的水平提高到一个前所未有的高度。并且，分化与综合并不是一个纯粹的过程，分化中有综合，综合中有分化，两者相互依存，不可分离。科学正是在分化—综合—再分化—再综合的循环往复中向前发展的。认识到科学的分化与科学的综合的这种辩证关系，对于把握当代科学的发展规律、促进科学的发展具有十分重要的意义。事实上，当代科学发展的一个规律就是，各门学科之间相互影响、相互作用（包括基础科学、技术科学与应用科学之间以及科学与技术之间的相互作用，学科之间的相互渗透，带头学科的出现和更替）从而推动各自学科和科学整体的发展。这一点在20世纪中期以后越来越明显，这也是当代科学加速发展的主要原因之一。

四、科学的继承与创新（传统与变革）的矛盾

人类所创造的任何知识和文化都有一个显著的特点，那就是具有一定的继承性。也就是说，人类所进行的任何知识和文化的创造活动都不可能是一种空中楼阁式的东西，不可能没有自己赖以出发的前提和基础。人们总是从某种前提（不管这种前提是什么，也不管它是否正确）出发进行自身的创造活动，而这种创造活动的结果——知识和文化又作为人们的下一次（或下一代人）创造活动的出发点。同时，正是由于奠基于以往的成果的坚实基础上，人们未来的创造活动才得以超越过去而达到一个新的高度。人类的历史正是在这种既依赖传统而又超越传统的创造活动中向前发展的，完全抛弃传统，人类将不可能进行任何创造活动，而拘泥于传统、不敢超越传统，人类也不可能获得任何进步。因此，正确处理好知识、文化的继承与创新的关系，或传统与变革的关系，对人类各项事业的发展来说具有非常重要的意义。对此，当代解释学的代表人物伽达默尔曾经有过十分中肯的论述。

① 《马克思恩格斯全集》第20卷，人民出版社1971年版，第16～17页。

科学作为人类对自然界认识的结晶，表现为系统化、理论化的知识体系，是人类共同创造的宝贵精神财富。和人类的一切创造活动一样，科学活动也是既依赖传统而又超越传统的。不过，与其他人类活动相比，科学与传统的关系在某种意义上来说显得更为密切：它对传统的依赖更深，或者说对传统的继承更多。而看起来有点像是悖论的是，科学的这种“恋旧情结”，即对传统和过去的依赖和继承，换来的却是它对传统和过去的一步步超越，是它相对于其他一切知识形式而言不容置疑的巨大成功。面对科学史留下的大量无可置疑的事例，我们完全可以这样说，人类的无论哪一个知识和文化部门，都没有科学这样强烈的积累性，都没有科学那样尊重传统和过去，从而赋予继承以那样高的价值（事实上，科学共同体常常以“从何而来”即有无继承或是否与占支配地位的观念或理论相符来评价一个新的理论）。波普尔的证伪主义强调证伪、否定和批判，但他也说过一段颇具历史主义意味的话：“科学革命不管多么彻底，都必须保留前人的成就，因而不可能真正同传统决裂。正因为这样，科学革命总是理性的。”① 然而，与此同时，科学活动又特别崇奉“标新立异”，把“创新”作为自己的旗帜，而且，在大多数情况下，我们总是有把握地说，后起的理论要比先前的理论更“进步”、更“科学”，未来的科学肯定比今天的科学更发达。相对于哲学、宗教等领域的派别林立、观点殊异、有争论而无“发展”的局面，科学的这种景况着实令人羡慕不已，以至于逻辑实证主义要祭起科学这面大旗来引领哲学发展的航向，所谓“科学哲学”正是对这种状况的回应。科学史表明，科学正是在这种既离不开继承也不能没有创新，既依赖于传统又高度地崇尚变革的、辩证的、矛盾的过程中向前发展的。对此，库恩在他那本对科学中的传统与变革的关系有浓墨重彩论述的名著《必要的张力》中深有感触地写道：“科学只有牢固地扎根于当代科学传统之中，才能打破旧传统，建立新传统”，“没有收敛式思维，科学就不可能达到今天的状况，取得今天的地位”，“一个成功的科学家必须同时显示维持传统主义和反对偶像崇拜这两方面的性格”。②

科学发展史中对前人成就继承的例子可谓不胜枚举。哥白尼的日心说虽

① 纪树立编译：《科学知识进化论——波普尔科学哲学选集》，生活·读书·新知三联书店1987年版，第270页。

② ［美］托马斯·库恩：《必要的张力》，范岱年、纪树立等译，北京大学出版社2004年版，第224～225页。

是近代的产物，但却继承了远在近2000年前的古希腊学术传统中有关地球运动甚至地球绕日运动的宇宙思想，哥白尼自己就直言不讳地承认这一点。他在他那本彪炳史册的《天体运行论》中写道："我在西塞罗的著作中发现，希达克斯发表过地球运动的见解，后来我又在普路塔克的著作中发现过其他一些人也有过同样的见解"，"这些意见启示了我，使我也开始思考地球运动的问题"。[①] 而且，他还吸收了毕达哥拉斯—柏拉图学派关于宇宙结构具有数学和谐的美的思想。达尔文创立生物进化论，一方面在科学上受到赖尔的《地质学原理》的启发，另一方面在经济学和社会思想上受到马尔萨斯的人口论以及当时英国社会崇尚进步和竞争的现实状况的影响。奥斯特发现电磁感应现象，法拉第创立电磁理论，都受到了德国古典哲学家谢林等人关于电和磁相互转化思想的启发。在这方面，最典型的要数牛顿力学的创立。

众所周知，牛顿被公认为人类历史上最伟大的科学家，他最主要的科学成就是创立了以他本人的名字命名的牛顿三大定律和万有引力定律，从而成为经典力学的集大成者。但所谓"集大成"，已经预示着牛顿的科学创造绝不是没有根据的，绝不可能仅仅是牛顿个人的天才的产物。对此，牛顿本人也非常清醒，在别人恭维他的杰出成就时，他谦逊地把自己比作只是在一望无际的大海边偶尔拾到了几颗美丽的贝壳、而对大海的奥秘却远未知晓的孩子；当别人夸赞他的天才时，他却说他之所以能取得这样的成就，那是因为他站在巨人的肩膀上。我们不可把牛顿的话仅仅看成他谦逊的表现，事实也的确如此，牛顿本人的天才和杰出贡献当然不可否认，但如果没有对前人成果的继承和发展，他绝不可能提出万有引力定律和力学三定律。事实上，万有引力定律已经包含在他之前的开普勒所提出的行星运动三定律中。力学第一定律（即惯性定律）也不是牛顿本人首先提出来的，"近代科学史之父"伽利略已经比较明确地表达了这一定律的基本内容，只不过后者对惯性定律的表述局限于斜面上无摩擦物体的运动，而前者则把惯性定律作为物质运动的普遍规律加以推广，并实际上作为经典力学体系的一大公理。第二定律也是在伽利略的自由落体定律和惠更斯的向心加速度定律的基础上建立起来的。另外，对第二定律至关重要的质量概念，牛顿也得益于波义耳的气体实验，后者认为，气体的数量由气体的体积与密度的乘积来决定。受此启发，牛顿将质量定义为物质的密度与其体积的乘积。而第三定律则是在惠更斯、

① 转引自辛可《哥白尼的日心说》，上海人民出版社1975年版，第65页。

雷恩等人对碰撞定律和动量守恒定律研究的基础上逐步形成的。牛顿力学体系的建立充分表明，科学理论的发现绝不可能仅仅是天才的灵光一现，如果没有对前人工作的学习与继承，再伟大的天才人物也将是“巧妇难为无米之炊”。当然，这种继承的方式和内容可以是多种多样的，既可能是对前人所建立的科学理论的继承（如牛顿对伽利略、开普勒等人继承），也可能是继承前人认识事物的有效方法（如伽利略、牛顿等近代科学家对古代科学家亚里士多德所创立的归纳和演绎方法的继承），还可能是对前人所收集的观察和实验资料的继承（如开普勒利用他的老师第谷所留下的大量天文观察资料创立了行星运动三定律）。

当然，对待继承问题也应有一个辩证的态度，如果一味地拘泥于传统，不敢越雷池一步，那就意味着科学不仅不会有进步，而且将停滞不前。从某种意义上说，科学进步的程度与对传统的超越程度成正比，历史上有不少科学家甚至伟大的科学家在这方面就曾经有过失误。哥白尼是近代科学革命当之无愧的旗手，他创立的日心说在冲破宗教神学的一统天下、扫清近代科学发展的障碍上可谓居功至伟，但哥白尼本人的性格和神职人员身份决定了他并不是一个真正敢于自觉地冲破传统束缚的人，这不仅表现为他那本可看成近代科学开山之作的《天体运行论》只是在他临终前才胆怯地拿去付印，更表现为他自始至终坚信毕达哥拉斯—柏拉图学派关于天体总是以宇宙间最完美的形式——正圆形作匀速运动的传统观念，这就导致他未能像后来的开普勒那样采用椭圆形轨道建立更加符合实际的行星系统模型和发现行星运动基本定律。伽利略被科学史家一致公认为近代科学之父，无论在具体的科学成就还是在科学思想、科学方法方面，都对近代科学有伟大的贡献，但与开普勒生活在同一个时代并与之有所交往的他，虽然了解前者的成就，知道行星由于太阳引力的缘故以椭圆轨道而不是以直线轨道运动，这本来使他完全有可能想到应该把地面抛物体的惯性运动轨道改成半椭圆形的曲线轨道，但对传统观念——天体按正圆形轨道运动和地面物体与天上物体的运动具有完全不同的性质，遵循完全不同的规律——的屈服，最终使伽利略错过了像牛顿那样发现万有引力定律的机会。

应该说，在科学的继承与创新之间，人们更崇尚创新，赋予创新以更高的价值，毕竟，继承只能使知识得以存在和延续，只有创新和变革才能使科学发生质变，产生飞跃。离开了创新和变革，科学将失去生机和活力，将失去任何进步的可能性。从这个意义上说，创新是科学的生命和灵魂，是科学的本质，科学就是一种不断追求创新和变革、永不满足、永不停留在一个高度上的事业。在这一以创新为魂的事业中，即使对传统的尊重、对继承的强调，最终也是为了更好地创新，是为了促进科学的进步，而绝不是为传统而传统、为继承而继承。科学这种创新的本质，决定了它是反对任何偶像崇拜的，或如波普尔所说，批判是科学的本性，越是伟大的科学理论，越是伟大的科学家，这种批判的本性表现得越明显、越充分。

牛顿力学的建立标志着近代科学的成熟和体系框架的基本成型，这对科学的未来发展来说既是幸事也是某种不幸的开始。牛顿之后的许多充满睿智的科学天才由于为牛顿的声名所累而无法超越牛顿的成就，不少人甚至心甘情愿地匍匐在牛顿的脚下，这使牛顿成为随后近 200 年人们顶礼膜拜的偶像。牛顿的影响甚至从科学领域扩展到整个文化领域，英国诗人蒲柏在他的诗中甚至把牛顿比作人类播洒光明的使者："自然和自然规律隐没在黑暗中。上帝说，'要有牛顿'，于是万物俱成光明。"[①] 在这种情况下，既往的科学成就在某种意义上已经变成了未来科学发展的障碍，不冲破这一障碍，科学就不能前进。科学发展的需要呼唤敢于冲破传统阻碍的伟大科学家，这样的科学家也必然应运这种需要而出现在科学的舞台上。

牛顿力学的成功使得以它为代表的机械论宇宙观成为当时在科学以致整个文化中占统治地位的思想观念。历史后来证明，它所继承的古希腊原子论传统、严格因果决定论、机械时空观等思想观念在铸就它的长期辉煌的同时，也使那些新的科学理论由于与这些思想观念相悖而难以成长。反过来说，要使那些新的、"离经叛道"的理论得以成长并最终被人们所接受，必须大胆地批判牛顿所代表的那种文化传统。所谓科学革命，首先就是科学自身所隐含的文化传统的变革。历史上那些真正伟大的科学家正是这种反传统的人。

牛顿继承古希腊的原子论传统，认为世界由绝对密实的实体与绝对虚无的虚空所构成，因而物体之间的引力作用是一种瞬时超距作用。以这种观点来研究电磁现象，人们自然而然地以为电磁相互作用也是一种瞬时超距作用。事情果真如此的话，电磁场理论就不可能建立起来。幸运的是，法拉第在电磁研究中并没有受制于当时在科学中占主流地位的牛顿传统，而是接受了与牛顿传统相反的、在当时被视为异端的笛卡尔传统。后者反对原子论，认为物质世界是充实的、广延的、连续的，根本不存在所谓虚空，充实的宇宙到处充满"以太"，使天体之间的引力保持近距相互作用。法拉第接受了

① 沈铭贤、王淼洋：《科学哲学导论》，上海人民出版社 1991 年版，第 229 页。

这种观念，认为物质之间的近距作用力需要由某种媒介来传递。遵循着这种思路，法拉第终于得出电磁相互作用是通过布满整个空间的连续性电磁场非瞬间地发生的重要结论，为经典电磁理论的创立迈出了非常重要的一步。

爱因斯坦之所以能够创立相对论，成为现代科学革命的旗手，与他受到马赫对牛顿先验绝对时空观的深刻批判密不可分。正是马赫坚不可摧的怀疑与批判精神，使爱因斯坦意识到，科学家在处理经验事实、建立概念系统时不能僵化地拘泥于一种认识论体系，而是应该在多种体系之间保持适当的张力。这种“两面神”式的思维使年轻的爱因斯坦不像当时的一些“大人物”那样由于拘泥于绝对时空观而不敢抛弃牛顿力学，而是义无反顾地向绝对时空观以及建立在它基础上的牛顿力学发起了挑战，最终创立了作为现代科学技术基础的相对论。相对论的创立可以说是超越传统、勇于创新对科学研究的意义的最典型的事例之一，批判、创新的精神在爱因斯坦的身上得到了最生动的体现。波普尔后来说，他提出证伪主义就主要得益于爱因斯坦的批判精神。

以玻尔为首的量子力学哥本哈根学派在突破牛顿力学传统方面比相对论更进了一步。测不准原理和对波函数的统计解释表明，我们不可能像在宏观领域中一样在微观领域里同时准确地描述客体的位置与动量这两种相互排斥的状态，对微观客体状态的描述只能是统计性的而不是决定论的、是非严格因果性的而不是严格因果性的。这种看法极大地突破了牛顿力学关于观察主体、仪器与被观测对象无关、客体的位置与动量可以同时准确测定的严格因果性观念，这可能是当代科学迄今为止对传统观念和思维方式的最强有力的冲击。

第五节　科学发展模式以及动力

科学发展模式是关于科学发展的一般规律、基本特征和内在机制的概括和描述，说到底，它关注的焦点是“科学究竟是怎样发展的”这样一个问题。显然，对当今社会来说，这是一个十分重要的甚至可以说是核心的问题，对“什么是科学”的任何回答，都不能不包含对科学发展模式的某种理解或解答，或者可以这样说，对“什么是科学”这一问题不可能仅仅通过下一个简单的定义而给予一个纯粹逻辑的解答，而必须通过对科学发展过程的考察来得出一个逻辑与历史相统一的合理答案。反过来说，通过考察不同的科学哲学家对科学发展模式的不同描述，我们也可以看出这些哲学家对科学的不同理解。

对现代西方科学哲学家提出的形形色色的科学发展模式，我们可将其大致划分为两种基本类型。

（1）逻辑主义的科学发展模式。它主要包括逻辑实证主义的累积式模式和波普尔的证伪主义模式。所有逻辑主义模式（以及整个逻辑主义科学观）的共同特征，是把科学从它所赖以生存的社会文化环境中抽离出来，撇开科学的总的广泛的社会联系，从纯粹逻辑或纯粹理性的角度来看待科学、理解科学。这可以说是一种理想主义的模式。这一特点决定了它实际上是把“科学是怎样发展的”的这个问题理解为“科学应该怎样发展”，也决定了它必然把单一的科学理论作为科学发展的基本结构单元，它所理解的科学发展模式至多是一种科学理论的发展模式，而很难概括整个科学的发展过程。

（2）历史主义的科学发展模式。它以库恩的科学革命模式为典型代表，还包括拉卡托斯的“科学研究纲领”、费耶阿本德的“无政府主义”等模式。这一模式的共同特征（虽然表现形式、哲学立场的倾向性程度有不小的差异）是，一反逻辑主义的理想化科学模式，将科学还原为其本来面目，即将科学纳入广阔的社会历史环境中加以考察，特别关注科学与其社会背景的密切联系，因而此时的科学已经褪去了它在逻辑主义模式中那种浓厚的理想主义色彩，而具有了现实主义的品格。历史主义的科学发展模式把“科学是怎样发展的”理解成“科学实际上是怎样发展的”，这样，它考察科学发展的基本结构单元不再是单一的理论，而是具有了更为广阔的内容。它也不再像逻辑主义那样热衷于科学与非科学的分界问题，并且拒绝“形而上学”，因为它所理解的科学早已与社会文化包括所谓“形而上学”难解难分。

当然，历史主义科学发展模式也有其致命的弱点：其一，具有比较浓厚的相对主义、怀疑主义和非理性主义的色彩。这正是其遭到众多批评的主要原因之一。其二，不可否认，它对科学的现实主义即社会文化的理解确实具有一定的辩证精神，与马克思主义的科学观有某些相似或相通之处，但仍然有重要的、原则性区别：马克思主义从范围广阔的人类社会实践（这种实践的形式是多种多样的）的角度看待科学，是一种实践唯物主义的科学观。而历史主义的视野尽管与逻辑主义相比要更为广阔，但它对科学的社会学解读基本局限在所谓“科学共同体”的狭小范围内，对科学与社会的联系理解仍然过于狭窄，特别是未能从科学与生产、工业和实践的关系上来考察科学。与逻辑主义的“内在主义”相比，历史主义属于一种“外在主义”，而与马克思主义相比，历史主义仍然属于“内在主义”。

下面，我们就以逻辑实证主义、证伪主义和历史主义为代表，概略了解现代西方科学哲学关于科学发展模式的主要观点，然后在此基础上提出马克思主义的科学发展模式。

一、逻辑实证主义的累积式科学发展模式

逻辑实证主义正式作为一种哲学学说登上哲学舞台是在20世纪初，不过它的学术渊源至少可以追溯到19世纪的实证主义或归纳主义。后者的重要代表人物孔德和休厄尔都认为，科学的任务是收集和整理经验材料，而唯一适合于这一任务的科学方法是归纳法，因此，科学的发展就是通过归纳法以积累经验知识。休厄尔形象地把科学的进化比作支流汇成江河，在他看来，科学是通过将过去的成果逐渐归并到现在的理论中而进化的，例如，牛顿万有引力定律就是归并了伽利略自由落体定律、开普勒定律等支流以及潮汐运动和其他各种事件的江河。[①] 不过，第一次清楚地表达了这种累积式模式的是19世纪德国著名的科学家李比希，他在《科学思想之发展》一文中写道：“进步是一种圆周运动，在这种运动中，半径在变大，新的富有成效的思想必须加到现有的体系中，如果我们的知识范围在增长的话。”[②] 20世纪初逻辑实证主义兴起后，这一流派的不少哲学家都对累积式科学发展模式作过内容大致相同的表述，归纳起来可将其概括为：科学的发展不是将新材料塞入旧体系，而是相反地把旧材料并入新框架，即把先前的理论全部包容到后继的理论中（有人将这种观点形象地称为“中国套箱”）。其内在机制是：

感觉经验→假说→科学理论

① W. Wiuiam Whewell. History of the Inductive Sciences. London：Frank Cass，1967，Part One，pp. 10～11.

② ［美］I. 伯纳德·科恩：《科学革命史》，杨爱华等译，军事科学出版社1992年版，第282页。

按照这种累积式的科学发展模式，科学就是事实、理论和方法的总汇，“科学的发展就变成一个累积的过程：事实、理论和方法在此过程中或单独或结合着被加进到构成科学技巧和知识的不断增长的堆积之中”[①]。这种观点注重科学知识的连续性、积累性，较好地说明了科学发展过程中新旧理论之间的继承关系，从一个侧面反映了科学总是在不断进步这一事实，也较符合一般人对科学的直观认识，因而不仅在20世纪上半叶的科学哲学界获得了普遍认可，同时也得到了许多科学家的认同，比如，丹麦著名物理学家、量子力学哥本哈根学派的创始人玻尔在建立原子模型的过程中所提出的所谓“对应原理”，就与这种观点有异曲同工之妙。

但是，这种科学发展的累积式模式也有许多严重的缺陷：

第一，它眼中的科学形象具有很大的片面性，与科学史的实际有相当大的出入，因为它只看到了科学发展过程中渐变、量变、继承和积累的一面，而忽视其突变、质变、突破和革命的另一面，这就使它不能全面、合理地说明科学发展中理论之间的嬗变和更替，不能说明科学革命发生的原因、科学革命的实质等问题。比如对爱因斯坦相对论取代牛顿力学这一被科学史家公认的科学革命事件，累积式模式只是看到了在适用范围上前者比后者广泛，后者可以被包含在前者之中；在数学上则是前者用洛伦兹变换代替了后者的伽利略变换，完全没有看到这场科学革命的实质是时空观的重大变革，而如果没有这种时空观上的变革，是不可能有相对论的诞生的。当时欧洲科学界的权威人物洛伦兹在这场革命中的表现清楚地表明了这一点。所以，绝不能仅仅从纯逻辑、纯技术的角度去看待这场革命，而忽视其世界观和思维方式变革的意义，否则就可能将科学革命仅仅看成一种量的变化，从而不可能真正把握科学革命的实质。

第二，它的科学观，它对科学这一人类事业和活动的理解有严重的纯粹理性主义、形式主义之弊。在持这种科学发展模式的主要代表逻辑实证主义看来，科学理论（=科学）是真命题的集合，是一种具有演绎结构的纯粹形式化的公理系统，它与一切心理的东西、主观的东西以及社会文化因素毫不相干，相反，这些东西都是科学的大敌，是科学应该拒斥的。事实上，逻辑实证主义的基本哲学目标就是试图一劳永逸地为科学寻找到一种简单的、理想的、在人类所有文化中具有至高地位和特权的逻辑或理性的规则，从而

① ［美］托马斯·库恩：《科学革命的结构》，金吾伦、胡新和译，北京大学出版社2003年版，第1～2页。

将一切非“科学”的、“形而上学”的东西拒之门外。所以，在它所提出的累积式科学发展模式中，没有给科学以外的任何可能影响科学发展的因素留下一点位置，甚至除了科学理论外，其他科学要素也未能进入它的视野。这种科学观或科学发展模式不懂得，科学并不仅仅是一个合乎逻辑关系的知识系统，更是人类实践的一种特殊形式。因此，“科学理论的建立、解释和实践，内含着社会的、心理的、科学的、建制的各种背景因素的整体文化的说明”，“科学的本质不在于其自身目的与实现手段或途径之间的循环论证，而在于科学与特定社会中所有文化要素之间的结构参与性联结”。[①]

二、波普尔的证伪主义科学发展模式

20 世纪初以相对论和量子力学的诞生为标志的科学革命以及科学中的其他革命性事件均表明，科学发展中有许多重大事件的发生并非像逻辑实证主义的累积式模式所认为的那样，是以往的科学发展自然而然积累的结果，而是一种不连续的、根本性的变化。科学理论也不再是一些一旦经过证实就永远不会出错的真命题的集合。这种情况使累积式发展模式面临着极大的冲击。波普尔正是在这一背景下提出他的证伪主义科学发展模式的。

波普尔指出：“认识论的中心问题一直是也仍然是知识的增长问题”[②]，但“知识增长并不是指观察的积累，而是指不断推翻一种科学理论，由另一种更好的或者更合乎要求的理论取而代之”[③]。科学的发展并不像实证主义所想象的那样，是通过经验观察来得到证实、运用归纳法而逐步进化的，因为再多的经验证据也证实不了一个具有全称命题形式的理论，而企图从单称命题推出全称命题的归纳推理也同样缺乏合法性。科学的发展与证实、归纳等统统无关，相反，它是通过马克思所说的“不断革命”的方式而实现的，也就是说，科学是通过不断证伪、通过不断发现和排除错误、通过运用演绎法而向前发展的，每一次证伪都是一次革命，每一次革命就意味着科学的发展。所以，只有证伪和革命而不是实证主义所说的证实和积累才是科学的本质特征，才能真正把科学与非科学或伪科学的东西区分开来。科学的发

① 郭贵春：《科学实在论教程》，高等教育出版社 2001 年版，第 23 页。

② 纪树立编译：《科学知识进化论——波普尔科学哲学选集》，生活·读书·新知三联书店 1987 年版，第 5 页。

③ 同上书，第 175 页。

展史就是不断地证伪和革命的历史，例如天文学中日心说代替地心说，化学中氧化说代替燃素说，地质学中渐变说代替灾变说，生物学中进化论代替神创论，物理学中相对论代替经典力学。这样，波普尔就把科学发展的模式概括为：

P1 →TT →EE →P2……

即：问题 1 →试探性的假说→消除错误→问题 2……

在这个模式中，从问题 1 到问题 2 的每一次循环都是一次科学革命，也就标志着科学的进步。

（一）波普尔的证伪主义科学发展模式的特点

与逻辑实证主义的累积式模式相比，波普尔的证伪主义科学发展模式有这样几个显著的特点或优点。

1. 对问题在科学研究中的重要性给予前所未有的重视和强调，认为问题是科学研究活动的真正前提和出发点

波普尔认为，即使观察现象在问题之前已经发生，我们也不能像经验主义和实证主义那样，认为科学研究就是从观察开始的。因为只有单纯的观察而没有出现任何问题，是不会产生任何科学理论的，正是由于有了问题，才激发我们去学习，去发展知识，去进行观察和实验，况且，对观察现象的关注、解释和表述都不是没有前提的，而是充满着理论性的。这种看法与逻辑实证主义的“科学始于观察”相比，要更符合科学史的实际情况，也更深刻。

2. 强调证伪和革命在科学发展中的意义

与逻辑实证主义强调继承和积累不同，波普尔强调证伪和革命在科学发展中的重大意义，认为科学的本性是批判，科学的精神就是批判的精神。这种观点既有相当的科学史基础，同时，也一反逻辑实证主义的保守性，鼓励人们在科学研究中充分地发挥自己的主观能动性和创造性，这在逻辑实证主义那种传统的科学观占统治地位的年代，具有振聋发聩的作用。

3. 提出了“人性化”的科学观

可以这么说，波普尔提出了一种“人性化”的科学观，因为他特别强调科学的可错性、科学家犯错误的可能性，并且认为，错误不但不是科学发

展的障碍，反而是科学发展的动力，科学家正是从错误中才学习到正确的东西，没有错误或谬误，我们甚至不知道什么是真理，科学也就不能前进了。对“错误”的这种看法是波普尔的科学观和科学发展模式最显著的特色，也是他区别于逻辑实证主义那种纯逻辑主义的模式而向历史主义靠近的主要标志。

（二）波普尔的证伪主义科学发展模式的缺陷

然而，波普尔的证伪主义科学发展模式仍然具有以下较为严重的缺陷。

1. 形而上学的片面性和极端性

逻辑实证主义的累积式模式过于强调科学的积累性、继承性而忽视其不连续性、批判性，只重视量变而看不到质变，因而遭到了越来越多的批评。在众多的批评者中，波普尔属于最早的人之一。他对逻辑实证主义的批判是较为深刻而有力的，为后起的历史主义的批判做了重要的铺垫。但波普尔的哲学立场有严重的片面性，他在批判逻辑实证主义的同时走向了另一个极端，过分地强调科学发展中的证伪、质变和革命，忽视科学在不断发展的过程中所仍然具有的证实、稳定和连续的一面，形而上学地理解马克思的“不断革命论”。形而上学的片面性使得他把科学理论的稳定性看得过于脆弱，把科学革命看得过于简单，把一整部科学史漫画式地理解成证伪、革命走马灯似地变换的过程，这显然不符合科学发展的实际情况。而且，由于过分强调证伪和可错而否定证实，因此，在他看来，科学并没有什么可靠的基础，它无异于建立在沙滩的基础上，这就使他的观点与他主观上想加以反对的怀疑主义难以区分开来。

2. 主张科学哲学应该把科学知识的增长作为中心问题来研究

波普尔批评逻辑实证主义只关心科学理论的逻辑结构问题，忽视科学的实际成长，主张科学哲学应该把科学知识的增长作为中心问题来研究。这种看法应该说是很有见地的，为后起的历史主义所吸收，这表明他在某种程度上已经认识到了逻辑实证主义的纯粹理性主义和逻辑主义的缺陷，力图从动态的、发展的角度理解科学。这种“半逻辑、半历史”的科学发展模式使他的理论成为由逻辑主义向历史主义过渡的中间环节。但从根本上说，证伪主义仍然属于一种逻辑主义，因为它对科学本质的认识和对“知识的增长”这一问题的理解仍然囿于逻辑主义或内在主义的框架，并未将科学与其广阔的社会历史背景联系起来。波普尔也重视从科学史中汲取养料，以便使自己的科学哲学更具合理性，但问题在于，科学史之于他，并不像对后来的历史主义那样具有本体论般的重要性，而只是为他的科学哲学提供素材的仓库，相反，他的科学哲学倒是可以裁剪和规范科学史的一种标准“尺度”。这样，波普尔仍然没能摆脱他所极力批判的逻辑实证主义力图对科学发展进行“逻辑重建”的窠臼。

三、库恩的历史主义科学发展模式

与波普尔一样，历史主义科学哲学的中坚库恩也坚决反对逻辑实证主义的累积式科学发展模式，他指出：“我们（指波普尔和库恩本人——引者注）都反对科学通过累加而进步的观点，都强调新理论抛弃并取代了与之不相容的旧理论的革命过程，都特别注意在这个过程中旧理论在面对逻辑、实验、观察的挑战时所起的作用。”[①] 但两者的基本哲学立场和出发点大异其趣。与逻辑实证主义和波普尔的证伪科学发展模式不同，库恩显然受到了当时在学术与文化思潮中已开始占据主流地位的整体主义（如格式塔心理学、系统科学和欧洲大陆的人本主义）的强烈影响，偏向于从整体性出发来看待科学的发展和进步问题。这种整体主义的倾向在他的成名作《科学革命的结构》一开篇就鲜明地表现出来了：“历史如果不被我们看成是佚事或年表的话，那么，它就能对我们现在所深信不疑的科学形象产生一个决定性的转变”。“如果科学就是流行教科书中所收集的事实、理论和方法的总汇，那么，科学家便是这样一批人：他们不管成功与否，都力求为这个特殊总汇贡献一二。科学的发展就变成一个累积的过程：事实、理论和方法在此过程中或单独、或结合着而被加进到构成科学技巧和知识的不断增长的堆栈之中”。[②] 库恩显然不赞成这种缺乏整体眼光的关于科学知识增长的“货堆”理论或累积式科学发展模式。他在他的另一本力作《必要的张力》中写道：“与一种流行的印象正好相反，科学中的大多数新发现和新理论并不仅仅是对现有科学知识储备的补充。为吸收这些发现和理论，科学家必须经常调整他们以前所信赖的智力装置和操作装置，抛弃他们以前的信念和实践的某些因素，找出许多其他信念和实践中的新意义以及它们之间的新关系。因为吸

---

① ［美］托马斯·库恩：《必要的张力》，范岱年、纪树立译，北京大学出版社 2004 年版，第 263 页。

② ［美］托马斯·库恩：《科学革命的结构》，金吾伦、胡新和译，北京大学出版社 2003 年版，第 1～2 页。

收新的就必须重新估价、重新组织旧的，所以科学发现和发明本质上通常都是革命的。”①

库恩这种整体的、动态的科学发展观在很大程度上得益于他对科学史的深入了解和认识（除了上面提到的原因外）。作为一个历史学家，库恩认识到，只有真正深入到科学史这条取之不尽、用之不竭的长河中去汲取养料和素材，才能真正理解科学的本质。黑格尔曾经说过，哲学就是哲学史。而对库恩来说，科学就是科学史。他说：“科学一经接触历史的原始材料似乎就变成了另一种事业，既不同于科学教学中所暗示的，也不同于对科学方法的标准说明中所明说的。我不胜惊讶地发觉，历史对于科学哲学家、也许还有认识论家的关系，超出了作为给现成观点提供事例的源泉那种传统作用。就是说，它对于提出问题、启发洞察力可能也是特别重要的源泉。”② 正是通过对科学史的深入研究，库恩看穿了实证主义和证伪主义的非历史的、僵硬的逻辑主义本质，同时也提出了与前者“大异其趣”的、别具历史主义风格的科学发展模式：

前科学→常规科学→反常和危机→科学革命→新的常规科学……

库恩认为，任何一门学科的形成都是一个历史的过程，它不可能从一无所有开始，而是从所谓“前科学”发展过来的。前科学是指尚未形成一种公认的科学“范式”，后者是一种包括科学共同体的信念、传统、公认的科学成就、方法论准则、各种习惯和规定，乃至教科书或经典著作和实验仪器在内的复杂的整体性的东西，是“任何一个科学领域在发展中达到成熟的标志”③。一门学科一旦有了这种范式，就标志着这门学科进入了“常规科学”时期。常规科学的特点是科学共同体在统一的、公认的范式的指导下解决各种疑难问题。此时科学家对范式的有效性毫不怀疑，只埋头于各种具体的问题，因此，科学在这一时期的发展是以量变的形式表现出来的。但是，再有效的范式也有它应付不了的问题，这时“反常”就出现了。而随着反常的增多和积累，范式越来越难以应付这种反常，科学共同体对范式的

① ［美］托马斯·库恩：《必要的张力》，范岱年、纪树立译，北京大学出版社2004年版，第223～224页。

② 同上书，第3～4页。

③ ［美］托马斯·库恩：《科学革命的结构》，金吾伦、胡新和译，北京大学出版社2003年版，第10页。

信心大大动摇，这样，“危机”时期来临了。最后，终于有新的范式产生从而取代了旧的范式，这就是“科学革命”。科学革命是一个新范式取代和战胜旧范式的质变的过程。随着科学革命的发生和完成，科学共同体又有了新的公认的范式，从而度过了危机，进入下一个常规科学时期。这就是库恩所理解的科学发展的全过程。

与逻辑实证主义和证伪主义相比，库恩的历史主义科学发展模式具有以下几个特点或优点：第一，它克服了前者单纯强调量变而忽视质变的不足，而后者则走向另一个极端，单纯强调质变而忽视量的积累的形而上学的片面性，提出了量变与质变、肯定与否定、常规科学与科学革命交替进行的科学发展模式，具有相当的辩证法色彩。第二，它克服了前者僵化的逻辑主义和纯粹理性主义的弊病，把科学看作一种社会事业和社会活动，这种社会事业和社会活动不仅受其内部各种因素的制约，遵循着内在的一般规律，同时也难免受到其外部各种社会因素的影响，这就必然使科学呈现出复杂多变的形象和面貌。而且，这种社会学的视角也使库恩不像以往的科学哲学家那样把科学仅仅看成个人的活动和产物，而是视为科学共同体的一种集团性的活动。也正是这种社会学的视角，使他不是像逻辑实证主义和证伪主义那样把理论而是把范式作为科学知识的基本单元来考察科学的发展，从而得出许多与前者迥然有别的结论。

从更深的层面上看，库恩的上述科学发展模式绝不仅仅是曾经居于统治地位然而却早已僵化的实证主义模式的众多代替者中的一种，而且代表了当代科学哲学运动中一种新的取向——解释学的转向，即把解释学的方法引入科学哲学的研究。长期以来，实证主义的科学观把自然科学与人文社会科学绝对对立起来，认为前者研究的是价值中立的、客观的自然界，因而可以在因果规律的基础上对自然界进行客观的说明。而后者则完全不同，它的研究是负载着价值与意义的人类历史、文化和精神生活，因而只能以理解或解释的方法去加以把握。这样，实证主义的科学观就完全否认理解或解释在科学活动中的作用，否认自然科学也具有诠释学的性质。作为实证主义的对立面，波普尔不赞同实证主义把理解和解释看成人文社会科学独有的方法，认为自然科学也在运用理解，“爱因斯坦的用奔放无羁的思辨去‘捕捉’实在就是去理解实在”①。但波普尔的理解和解释局限于

① ［英］卡尔·波普尔：《客观知识》，舒炜光、卓如飞等译，上海译文出版社 1987 年版，第 194 页。

认识论的范围（他认为“理解活动本质上就在于运用第三世界客体”①），与真正的解释学还有相当大的距离，对弥合自然科学与人文社会科学的鸿沟并没有多少价值。在这方面真正展示了有希望的前景的人是库恩。在库恩看来，自然科学是在普遍的范式或文化基础上所进行的一种理解或解释的活动，理解或解释是依赖于范式的，与范式无关的解释或纯粹的说明是根本不存在的，因此，解释说到底是社会学的。既然如此，科学与人类的其他活动之间就不存在不可跨越的鸿沟，而是理解或解释的不同但可以相互沟通的形式，它们甚至以为人类的行为或整个历史都可以作为文本来阅读，这样就可以在理解和解释的基础上或在一切文本的社会性意义的基础上超越实证主义或科学主义的形式理性和逻辑主义的狭隘性与片面性，把解释实践扩展到人类知识的所有层面，从而使自然科学与人文社会科学、科学文化与人文文化达到融合与统一。

然而，库恩的科学发展模式也存在着重大的缺陷和错误，这表现为：在哲学的基本立场上，库恩有较明显的相对主义、怀疑主义和非理性主义的倾向，在科学哲学的某些重大问题上同样犯了形而上学片面性的错误，这一点集中表现在他所提出的著名的“不可通约性”论题上。在库恩看来，传统认识论的一个基本假定，即存在着人类认识的共同基础或最终基础，完全是一种虚妄的、不可能实现的理想。随着范式的变化，科学中的一切都将发展改变：不仅是科学家对观察现象的解释（如将科学革命前的鸭子看成革命后的兔子），而且客观性和合理性的内涵以及确立的标准，甚至连语言和逻辑规则也将在范式的改变中重新定义，这样一来，科学的合理性、科学的进步与发展、科学中的真理，这一切都统统烟消云散了。如果非要说科学中还有什么进步的话，至多也只能在工具的或实用的意义上去谈论了。显然，库恩在思维方式上犯了形而上学片面性的错误，夸大了科学中相对的、不确定的、主观的、非理性的一面，因而得出了相对主义、怀疑主义和非理性主义的结论。

四、马克思主义关于科学发展模式的基本观点

我们认为，现代西方科学哲学的上述各种科学发展模式的失误或片面性

---

① ［英］卡尔·波普尔：《客观知识》，舒炜光、卓如飞等译，上海译文出版社 1987 年版，第 174 页。

表明，要全面认识和把握科学发展的一般规律或者说科学发展的模式，必须从马克思主义的基本立场出发，而不能游离于这一立场。从这一立场出发，可以得出以下两个主要结论。

（一）科学发展的基本形式：进化与革命

如果全面地、辩证地了解和认识科学发展史，不能不使我们得出这样的结论，无论是逻辑实证主义的累积式模式，还是波普尔的证伪主义模式，无疑都具有极大的形而上学片面性：前者过分强调科学中继承、积累和进化一面，后者过分强调证伪、批判和革命的一面，而实际上，科学发展中这两个方面是不可分割地交织在一起的。按照辩证唯物主义关于量变和质变的辩证关系的原理，没有逐渐的积累和进化，科学就不可能获得作为未来发展的基础和根据的基本的材料（包括新事实、新现象、新物质或物质的新属性等）；而如果没有批判和革命，科学就只能停留在材料的简单堆积上，就不会有生机和活力，从而将不会有真正的发展和进步。在辩证唯物主义看来，进化发展和革命发展的不断交替，是科学发展的基本规律，进化和革命是科学发展的两种基本形式。在这一点上，历史主义的科学发展模式显然要比逻辑实证主义和证伪主义的模式具有更大的合理性，对科学史也具有更大的解释力。但辩证唯物主义坚决反对历史主义的非理性主义倾向，认为科学的发展是合乎理性的过程，无论是进化还是革命，都是由理性主导的，之所以如此，其关键在于科学发展主要表现为在实践（包括生产实践和科学实验。这是科学发展的合理性的基础和根源）的基础上科学知识的不断增长，这种增长既表现为科学的基本概念和基本理论的数量层出不穷，更表现为这些基本概念所具有的内涵不断增加和日益精确，理论所覆盖的经验现象更加广阔，对问题的说明更加准确。

（二）科学发展的基本动因：内在的逻辑动因与外在的社会动因

根据辩证法的基本原理，任何事物的发展都是由内外两类动因促成的，单纯的内因或外因都不可能导致事物的发展变化。科学的发展当然也不会例外，无论它的发展形式如何，都离不开内部动因和外部动因这两类因素的共同作用。

从这一角度着眼，逻辑实证主义和证伪主义与历史主义分别犯了单纯的“内在主义”和“外在主义”的弊病。前者由于忽视对科学史的研究，因此把科学与其社会文化环境隔离开来，以为科学可以不依赖于社会与文化而独自发展，属于一种“内史”派的观点。后者极其重视科学史，认为没有科学史的科学哲学是空洞的。但由于单纯地从社会学的视角看待科学，片面地强调科学与社会文化的联系，对科学区别于其他人类活动的特质没有足够的认识，从而忽视了科学内在的逻辑性，把科学看成基本上依赖于社会心理因素而发展的，属于“外史”派的观点。实际上，正如拉卡托斯所认为的，为了合理地说明科学的发展，我们不应该将内史和外史对立起来，相反，必须把它们结合在一起。他指出：“①科学哲学提供规范方法论，历史学家据此重建‘内部历史’，并由此对客观知识的增长作出合理的说明；②借助于（经规范地解释的）历史可对两种相竞争的方法论作出评价；③对历史的任何合理重建都需要经验的（社会—心理的）‘外部历史’加以补充。”①

科学活动的基本目标是为了获取关于自然界的正确知识即真理，这一点决定了科学首先表现为系统化的理论知识，这就是人们一直以来把科学的发展等同于科学知识的增长的主要原因，也是人们习惯于从科学知识中去寻找科学发展的动力并将这一内在的动力作为科学发展的主要原因的合理之处。毕竟，对科学的发展而言，内因是第一位的、决定性的，看不到这一点，将科学发展的主要原因归结为外部因素，不仅不能合理地解释科学的发展，反而会像极端的历史主义那样陷入非理性主义和相对主义。同时，也绝不能忽视外部因素的影响，包括科学共同体所处的社会环境，所持有的价值准则，对自然界和科学本身所抱的信念，等等，这些因素极大地影响着科学发展的速度和节奏，使不同社会、不同时代的科学呈现出相当不同的形象和面貌，有时甚至决定了一个国家科学事业的兴衰成败。对此，拉卡托斯作了很好的说明：“每一种合理重建都为科学知识的合理增长提供了一个独特模式。但所有这些规范的重建可能都必须补充经验的外部理论作为补充以说明剩下的非理性因素。科学史总是比它的合理重建丰富。但是合理重建或内部历史是首要的，外部历史只是次要的，因为外部历史的最重要的问题是由内部历史限定的。外部历史对根据内部历史所解释的历史事件的速度、地点、选择等问题提供非理性的说明；或者，当历史与其合理重建有出入时，对为什么产生出入提供一种经验的说明。但是，科学增长的合理方面，要完全由科学发

① ［英］伊·拉卡托斯：《科学研究纲领方法论》，兰征译，上海译文出版社 1986 年版，第 141 页。

现的逻辑来说明。”①

问题讨论

中医究竟是不是科学②

几年前，“中医究竟是不是科学”这一近百年来一直争议不断的问题时隔多年后再一次成为人们热议的话题，在网上讨论得很热烈，争论也很激烈。究其原因，这的确是一个极为复杂因而难以“一言以蔽之”的问题，其难度不仅在于如何看待中医的科学性，也在于回答这一问题首先必须明确“科学”一词究竟意味着什么，即使在科学如此发达的当今时代，人们对之也不容易达成共识。

当然，基本的共识还是有的。比如，按照对科学理解的普遍共识，下面这个例子中对科学的理解就是很成问题的。

某中医博士生导师在一所大学做演讲，演讲中他谈到种种关于科学的定义后认为，由于“科学”一词目前尚无一个公认的定义，因此，在这个世界上，不仅文化是多元的，科学（体系）也是多元的，具有不同文化传统的国家和民族，其科学思维、科学方法和科学认识也不同，与哲学这样的学科有东西方之分一样，科学也有东西方之分。西方科学的基本认知方式是形式逻辑和实证性，基本方法是分析和还原，它着重于实体的研究，其根本目的在于征服和改造自然界。而中国传统科学的基本认知方式是经验性和直觉领悟，擅长综合整体和取类比象的方法，着重于系统功能的研究，其目的在于保持人与自然的和谐共存。这两种科学体系各有长短，相互不可替代。

不难看出，这样的推理和结论是成问题的：从科学定义的多样性推出科学的“多元性”。其实这两者之间并不存在逻辑上的关联，原因在于，定义是对概念的内涵或语词的意义所做的描述，人们对同一事物下出不同的定义是认识上的差异所致，与事物本身是一元还是多元并没有什么关系。比如，关于“人”的定义也有很多，其外延包括白种人、黑种人、黄种人，中国人、美国人、印度人，等等，但总不能因此就把狗、猫这样的动物也说成是

---

① ［英］伊·拉卡托斯：《科学研究纲领方法论》，兰征译，上海译文出版社1986年版，第168页。

② 根据《中医是不是科学?》（中国科技网）、《中医是否是科学?》（百度文库）、《中医是科学吗?》（科学网）整理而成。

人吧。如果这样的说法成立的话，那么就必然导致有多少个民族、多少种文化就有多少种科学的状况，结果就是你有你的科学，我有我的科学，我们大家的结论或成果虽然各有不同但都可能属于科学，如此一来，伪科学就必将冒充科学大行其道，真正的科学反而很快就将会寿终正寝。了解中国现代史的人应该不会忘记，在改革开放前，我们就是因为不仅在社会科学领域里区分"无产阶级的社会科学"和"资产阶级的社会科学"，在自然科学中也曾经作出类似这样荒谬的划分而导致了怎样严重的后果。

主张中医是科学的人与社会中的大多数人一样，往往有一种普遍的思维取向：科学是好的、有价值的，甚至是这个世界上最有价值的东西。因此，说一种东西是科学，那就是对它的认可和褒奖，而如果否认一种东西是科学，那就是对它的贬低。所以，他们无论如何都要把自己喜欢的东西纳入科学的范畴，似乎非如此不足以体现其价值。这种思维仍然和上面那个例子一样犯了将事实与价值混淆的错误。其实，你大可以说中医是中华民族的瑰宝，是中国的国粹，它在中华民族的繁衍生息中作出了不可磨灭的贡献，谁也不能否认这一点，因为这至少是一个为绝大多数人中国人所公认的基本事实。但要注意的是，这与中医是不是科学并不是同一个问题，这就如同我们固然不能否认宗教在人类发展史上的作用，但却不能因此而说宗教是科学是同样的道理。在这点上，全国政协副主席、中国科学技术协会名誉主席韩启德院士的观点应当说是相当理智的。他曾经直言不讳地表明自己不太同意中医是科学的说法。在他看来，中医能治好病，这个事实毋庸置疑。中医要大力推广，要继承发扬，这也同样没有问题。但中医是不是科学却是另外一个问题。韩启德认为，科学必须是可质疑的、不断地接近真理的、具有纠错机制的，必须是能实证的、量化的，必须使用逻辑学的方法，等等，而这些中医是很难做到的。如果硬要把中医跟现代科学扯在一起，只会使人觉得你永远不如现代科学。中医是好的，但未必是科学，而且，科学并不等于正确，不科学也未必说明它不正确、不好。我们对科学要有正确的理解，不要把科学跟绝对正确等同起来。

与上面那种采取"两种科学"模式为中医辩护的策略有些类似但又不完全一样——不是像前者那样从文化的角度推出"两种科学"的结论的一种辩护策略，而是从科学思维方式的不同处下手。与前面的"横向的文化比较"思路相比，这种"纵向的历史比较"在当代科学相对于传统科学发生了巨大变化的情况下似乎更容易获得人们的认可。如第二届国医大师、北京中医药大学教授孙光荣认为，中医学和西医学都是人类防治疾病、维护健康的医学科学，目的一致，但又是不同的医学体系，西医学属于自然科学，中医学既属于自然科学，也属于社会科学。西医学基本上是一种生物医学模式，中医学则属于整体医学模式。西医学是在还原论的指导下基于解剖学发展起来的，诊疗思维着重于寻求致病因子和精确病变定位，然后采用对抗式思维，定点清除致病因子，使机体恢复健康。中医学则是在整体观的指导下，基于天人合一、形神合一的中国古代哲学而发展起来，诊疗思维着重于寻求致病因素和正气、邪气的消长定位，然后采用包容式思维，非定点清除致病因子，而是通过扶正祛邪、补偏救弊使机体恢复健康。

无可否认，在当今社会，西医相对于中医处于“强势”地位。那么，中医会被西医取代吗？中国中西医结合学会会长陈可冀院士的回答是否定的。他指出，中医药有几千年丰富的临床医疗经验，古典医书 1 万册左右，有效医方很多，号称“十万锦方”，常用中药 1 万多种，在我国卫生保健方面作用巨大。即使西医发展至今占据了现代医学的主导地位，但并不能说所有的病西医都有办法，而中医药学恰恰在很多方面显示出独特的优势。中医药学比较强调宏观和整体，西医则强调微观和局部，两者各有千秋，可以互相取长补短。例如西医对冠心病的治疗，目前冠脉球囊扩张和安装支架非常普及时髦，但治疗后过了一段时间，相当一部分病人冠脉又再狭窄，所以要预防再狭窄。在常规西药治疗基础上，如果再用中药活血化瘀，会取得更好的疗效，这已为许多医院的临床实践所证实。在陈可冀看来，互补的特性可以让中医和西医成为联手的“朋友”，服务于人类健康，而不是谁击败谁、谁取代谁的“敌人”。

力挺中医科学性的人固然不少，而否定一方的人数也不逊色，且近年来似乎还有上升的势头。与前者的基本辩护策略即前述的“两种科学”模式相反，否定中医是科学的人一般坚持科学的单一模式论点，以此作为其基本立论依据。

关于科学的基本特征，一般认为表现为以下几个方面：

（1）在思维模式上：①坚持构成论，认为宇宙万事万物都是由分子构成的，分子又是由原子构成的，原子又是由原子核和电子构成的，原子核又是由质子和中子构成的；②采用形式逻辑推理，不承认其他推理方法的有效性。

（2）在研究范式上，经过几百年的发展，科学已经形成了比较固定的研究范式：①观察；②推理；③预测；④交流；⑤测量；⑥排序；⑦比较；⑧分类；⑨调查；⑩建立模型；⑪得出结论。

（3）在实证性上，不同于一般的生产实践，科学有一套严密的规范和操作流程。如果一个科学概念是有关物质形态的，那么，就一定要具有可观察性或可检验性，这样才会被接受为科学概念。例如，如果细胞不能被光学显微镜所观察到，原子不能被隧道显微镜所观察到，那么，细胞和原子这类概念不会成为科学概念。如果是涉及物质特征的概念，那么，这些概念一定要具有可测量性或计算性。例如温度这一概念，如果不能被测量，它是不会为科学界所接受的。

以此来判断中医是不是科学，有人得出了以下结论：第一，中医的思维不是科学思维，因为它是以“阴阳”“五行”等一套概念阐述自己的主张。然而，“阴阳”既不是形态上的，也不是可以计算或测量意义上的概念，因此，它不可能是一个科学概念。以“金木水火土”为内容的五行学说，同样也是过时的、缺乏科学根据的思辨性的东西。第二，中医的研究范式不是科学范式。众所周知，中医诊断病情是通过“望闻问切”来进行的，对于药物（草药）的疗效是通过“神农尝百草”来检验的。而无论是“望闻问切”还是“神农尝百草”，都不是科学的研究范式，不具有科学应有的精确性和可靠性。第三，中医的疗效不具有严格的实证性。与大多数即使怀疑中医是科学的人一般都不否认中医的疗效的人不同，有些人对中医的疗效也持否定态度：科学意义上的药物疗效须通过随机、大样本、双盲、对照组的实验才能确认。这样做的原因是因为有些病具有自愈特点，例如一般感冒，只需多喝水、不用服用任何药物就能自愈，医生给病人开的药未必对病人的病有多少治疗效果，但对病人来说可能具有一种“安慰剂效应”即心理暗示，它对于病情的好转有一定的作用。科学为了弄清楚某种药物到底是药物本身有效，还是自愈或心理暗示起作用，就采用随机、大样本、双盲、对照组实验来排除自愈和安慰剂效应的作用。但是，对中药而言，由于它是复方（治疗肝炎的中药药方有数十种药材之多），不可能采用科学范式中强调的“分离变量法”来研究，因此就很难采用随机、大样本、双盲、对照组实验来客观地验证中药的疗效。第四，中药的医理不是科学原理。对于药物的研究，科学不仅仅要证明药物的疗效，而且要搞清楚药物具有疗效的机理，这种机理研究通常包括药物效力动力学、药物代谢动力学、药物毒理三个方面。而中药的药理是以“阴阳”“上火”“祛邪”这类似是而非的术语来阐述的，这样的术语和阐述是不会为现代科学所接受的。

有人将过去一般对中医的赞扬称为“神话”，并一一对之进行了辩驳和批评。

神话一：中医讲究整体和联系，把人当作一个整体来看待，所以脚上的疼痛可以从头上治疗。而西医把人看成机器，把作为整体的人机械地分割开来对待，不懂得联系的道理，所以头痛医头，脚痛医脚。

分析：说现代医学（西医）不懂得联系，不懂得人的身体是一个整体，这纯属误解。事实上，这个世界上存在的每一种医学，没有不是把病人当一个整体对待的。相比之下，中医虽然强调整体，但它缺乏了解细节的能力。而现代医学并不缺乏整体观，它只是认为，只有研究清楚人的生命过程的细节，同时又将这些细节组合起来，才能更好地把握整体。在现代基础医学研究中，常常利用离体的细胞、组织、器官，但这类研究的结论必须经过体内实验的研究进行验证，也就是说，必须在人体的整体环境中确认其结论。没有哪种药物仅仅经过体外实验就用于临床的，这说明了现代医学从来就没有忘记人是一个整体。现代医学相信人体是具有内在联系的，所以通过桡动脉取血化验来了解（几十厘米以外的）肺的情况，但它不相信中医所谓的“全息”联系，并否认“全息”思想，即认为人体的一个小部分能反映整个人体的健康情况。因为中医既不能在理论上证明这种联系的必然性，实践中也找不到客观的证据表明其确实存在。当然，现代医学不承认这种无法证明的联系，并不是说它完全否认事物联系的存在，它认为，当说某某联系如何如何时，关键是我们要拿得出客观的经验证据，而不是事先先验地加以确定。现代医学相信人体是有内在联系的，但那不是中医所说的那种联系。至于脚上的疼痛应该从哪里下手治疗，现代医学的诊治完全不逊于中医，它并非许多人所认为的那样是“头痛医头，脚痛医脚”。例如对一个腿脚不便的病人的诊治，必须是通过细致的检查判断其病因如何，而绝不能先验地加以断定。如果是局部的肌肉、骨、韧带的问题所致，通常是以局部（脚）的治疗为主，如果是神经源性的因素所致，病变部位则可能在脊髓或脑，这时治疗就要作用于腰或头。而如果是血管因素，在局部治疗的同时，必须考虑全身有无病变，是否与动脉硬化、糖尿病等有关，这时可能就要治心脏或胰腺等。类似这样的考虑还有很多。

神话二：中医治疗疾病是标本兼治，而西医是治标不治本。

分析：中医对疾病的分析的确有“标”和“本”之说，分别指疾病的外在表现和内在本质。比如某人所患疾病的本质是“阴虚”，本来应该是面色发白、身上发冷，但也有可能表现出面色红润、手脚心发热，即所谓“阳”征，治疗时要综合考虑，要“标本兼治”，不能只顾一头。但同时中医治疗原则中又有“急则治标，缓则治本”的说法，要求医生在急救时，抓住主要问题，在“标”的问题突出时先予以解决，这作为一种医学思维的逻辑，现代医学也是同意的。就中西医学临床实践效果的对比而言，西医在急救领域中表现出绝对的优势（现在所有中医院的急诊都是西医的方式），中医完全失去了这部分的“市场份额”。而在其他领域，优势就没有那么明显，比如气管炎、高血压、糖尿病等慢性病，还缺乏像对良性肿瘤进行手术切除那样一劳永逸的办法，这也就给中医留下了一定的空间。一些人就把这个事实和“急则治标，缓则治本”硬扯在一起，说西医只治标不治本，只能管急救，而中医是标本兼治，能去根，能治慢性病。如果这种说法成立，那为什么人们在急救时一般不去看中医而是看西医，选择后者不是连“标”一块都能治吗？假如一个人患了良性肿瘤，如何用中医治本？西医的手术是治标还是治本？另外，相信这种神话的人还存在一个问题，他们混淆了“应该”标本兼治和“能够”标本兼治的界限。中医治疗的原则是标本兼治，这是个目标，但在临床实践中未必能够实现。但一般相信这一点的人只说中医是标本兼治，这样就会误导人们，给人一种感觉，似乎中医能够从“根本”上解决疾病问题。

神话三：中医讲究辨证论治。

分析：孤立地说这句话并没有错，因为中医的一个重要原则和特色就是“辨证论治”。但看重这一点的人，一般并不是将其作为一个事实判断来看待，而是想表达一个价值判断，即由此而得出中医是有价值的、值得信赖的结论。之所以如此，可能源于我们一个特殊的国情：在中国，凡是受过中等以上教育的人都学过一门课——辩证法，尽管多数人并不见得真正懂得辩证法，但起码大家都知道这是个好东西，是褒义词，许多人还知道它的反面是“形而上学”，意为“僵死、僵化、一成不变、孤立”等。这样，当说一种东西是“辩证”的，那就意味着对它的赞扬。所以，在那些盲信中医的人看来，说中医是“辨证论治”无疑就是对中医的高度褒奖。实际上，中医的“辨证论治”是说在诊断疾病时，确定病名后还要按病人的具体表现，确定其属于何“证”。比如咳嗽，要分辨病人是“寒”“热”还是“燥”“证”，不同的“证”必须用不同的药。这和哲学上讲的辩证法根本不是一回事（“辩证法”的“辩”与“辨证论治”的“辨”写法也不同）！但那些反复强调“中医讲究辨证论治”的人，其目的就是想让你认为中医符合辩证法，因此是好的，而西医是僵死的、一成不变的、形而上学的。所以，中医比西医高明。

神话四：中药是纯中（草）药制成，无毒副作用。

分析：这很大程度上是一种误解。其原因是：第一，正规的中医都承认中药有毒副作用。《本草纲目》等药书上都明确记载乌头、附子、洋金花等药物的毒性很大。第二，老百姓很少听说中药毒副作用的报道，原因不是中药没有毒副作用，而是我们对中药研究得还很不够。古人限于能力，对中药的毒性只有粗略的记录，而现代医学对中药研究也很不足。第三，稍微夸张一点说，连大米饭、食盐都不是可以随便吃的东西。糖尿病人过量进食大米可能加重病情，高血压患者吃盐过多会升高血压。正如古人所说的："是药三分毒"。

神话五：西医发展已经到头了，今后要向中医学习。

分析：恰恰相反，21 世纪学习中医的人还在看 2000 多年前的《黄帝内经》，1500 年前的《伤寒》《甲乙经》，500 年前的《本草纲目》，这说明中医长期以来没有什么重大发展和进步。因此，不要说现代医学向中医学习，恐怕连中医自己都很难维持和发展了！相反，众所周知，现代医学是随着现代科学而同步发展的。

有关中医是不是科学的争论还远不只是上述这些方面，但无论是哪些方面，看来暂时都是难以有定论的，争论肯定还会继续下去。

第三章　科学思维的艺术
——自然科学方法论

科学认识离不开科学方法。根据辩证法、认识论和方法论三者一致性的原理，科学方法论本质上就是科学认识论，是科学认识论的有机组成部分。因此，要了解自然界的辩证法以及对自然界的科学认识，必须进一步了解科学研究的方法论。自然科学方法论是自然辩证法的重要内容。

第一节　科学思维的经验基础

从方法论的角度看，科学研究的第一步是选择科研课题。科研课题确定之后，如何获取科学事实就成为开题研究的首要任务。科学观察和科学实验是获取科学事实的根本手段，是科学研究和科学思维的经验基础。

一、科学事实

科学事实与客观事实是相互区别又相互联系的两个概念。客观事实是指客观存在的不以人的意志为转移的事物、现象本身，是第一性的东西，属于本体论范畴，其本身不存在正确与错误之分。

客观事实通过观察进入科学工作者的主观世界，并用语言符号表达出来，就成为经验事实。经验事实不是客观事物本身，它的具体形态与人所设置的认识条件如仪器设备的性能有关，也与人用来描述观察结果的概念系统有关，还与作为认识主体的人的主观因素有关。因此，经验事实属于认识论范畴，具有主观性和可错性。

对经验事实进行筛选和甄别，淘汰那些无法核实和无法重现的主观错觉，剩下的便是经得起检验的具有客观性的经验事实，这就是科学事实。所以，科学事实是指通过观察和实验获得的并经过整理和鉴定了的经验事实，它是科学认识的最初成果，也是建构科学体系的原材料。

科学事实一般分为两个层次，第一层次是客体与仪器相互作用结果的表征，如观测仪器上记录和显示的数据、图像等。这一层次的科学事实既与客体的性质有关，也与人所设定的认识条件有关。相同的客体在不同仪器上的显示可以是不同的。如同样是压力的变化，由于仪器设备的不同，可以表现为汞柱的升降，也可以表现为压力指针的摆动。第二层次是对观察实验所得结果的陈述和判断。这一层次的科学事实既与客体的性质有关，又与人用以描述事实的概念系统有关。同一事实在不同概念系统中所作出的描述可以是不同的。如同样是对日出的描述，基于地心说的描述是“太阳从静止的地平线上冉冉升起”，基于日心说的描述是“静止的太阳底下滚动着地平线”。①

（一）科学事实的特点

科学事实作为经验事实的一种特殊类型，作为科学对个别事实的认识，有其自身的规定性和特点。

1. 科学事实是单称陈述

所谓单称陈述，是指关于个别对象具有或不具有某种属性的陈述，如“铀具有放射性”“氩具有化学惰性”“地球绕自己的轴旋转”等都是单称陈述。与单称陈述相对的是全称陈述。全称陈述是关于一类对象具有或不具有某种属性的陈述，如“所有微观客体都具有波粒二象性”“所有行星都绕自己的轴旋转”等。全称陈述表达的是经过概括之后的具有普遍意义的东西，是抽象思维的结果，不能被看成科学事实。科学事实只能是关于个别对象的陈述，而不是关于普遍存在的陈述。强调科学事实的个别性，是为了突出它主要来自感性活动，以便把它与来自理性活动的科学理论区别开来。

2. 科学事实具有可重复性

作为对客观事实的真实描述，科学事实不应只有一个观察者能观察到，其他观察者在相同条件下也应能重复这一观察或实验，否则，该事实就只能是经验事实而不是科学事实。例如，为了验证爱因斯坦关于引力波的预言，美国物理学家韦伯从1957年起开始宣称他收到了来自银河系一天体发出的引力波信号，很多物理学家重复韦伯的这一实验，但都没有成功，于是韦伯

---

① ［美］N. R. 汉森：《发现的模式》，邢新力等译，中国国际广播出版社1988年版，第6页。

的观察结果最终未能成为科学事实。鉴于科学事实的这一特点，诺贝尔奖评审委员会决定，所有参选的科学成果都要经过一段时间的考验，所有实验结果都要经过多次重复检验。因此，从1901年至今的全部授奖成果中，极少发现哪项实验结果后来被否定的情况。

3．科学事实受理论影响

作为客观事实在符号系统中的表征，科学事实具有鲜明的理论依赖性，因为科学事实必须借助于科学语言来表达，而科学语言中的概念、符号等，总是从属于某个理论体系的，当我们用某些特定的概念或符号去描述和记录观察实验结果而产生某个科学事实时，这个科学事实就已经落入了该理论的框架之内。例如，当一个医生用“肾虚”二字来描述某个病人的病情时，它就落入中医的框架之内了，因为“虚”是中医特有的概念，西医没有这个概念。因此，不存在与理论毫无关联的、纯粹的科学事实。

（二）科学事实的作用

科学事实的上述特点决定了它在科学认识过程中的重要作用。

1．科学事实是形成科学概念和科学原理、建立科学理论的基础

这有两种情况：一种是有些科学原理直接来自于科学事实。如自由落体定律和惯性定律就直接来源于伽利略的斜面实验所取得的一系列科学事实。另一种是有些科学理论虽然不是直接来源于科学事实，但是建立在科学事实的基础之上。如爱因斯坦的相对论就是建立在“光速不变”这一事实的基础之上的，而量子力学则是以“黑体辐射”“光电效应”等科学事实为基础建立起来的。这说明，科学理论无论采取何种形式，总是离不开一定的事实基础，总是需要科学事实为其提供材料，即使是很抽象、很深奥的概念和理论，也必须建立在一定事实的基础之上。

2．科学事实是确证或反驳科学假说和科学理论的主要依据，是推动科学进步的基本动力

科学理论或假说的正确与否是通过与科学事实相对照来检验的。一般来说，当某科学理论或假说不能解释一科学事实，或不能正确预见到它时，该理论或假说即遭到反驳；而当某科学理论或假说能够解释一科学事实，或能够正确预见到它时，该理论或假说即得到确证。俄国化学家门捷列夫于1869年发现元素周期律，并预言了镓、钪、锗的存在，后来这三种元素先后由法国、瑞典和德国化学家分别发现，并与门捷列夫的预言几乎完全一样，门捷列夫的元素周期律因此得到确证。

科学事实在科学研究中起着十分重要的作用，获取科学事实也就成为科学研究中一个必不可少的环节。随着科学的进步，人类获取科学事实的方法和手段也不断发展，一般来说有以下两种途径：

一是通过文献调研获取科学事实。这是获取科学事实的间接方法。由于时间、精力的有限性，人们不可能事事亲自去做，必要时可以利用前人和同时代人已有的成果，从科学文献中获取科学事实。英国科技史学家李约瑟就是通过对中国科技文献资料的挖掘，写出了中国科技史巨著，在世界上引起了巨大反响。在当今时代，文献调研的渠道是多种多样的，既可以通过图书馆、情报所、互联网等常规渠道来进行，也可以通过同本行业的专家、学者进行交流来展开。

二是通过科学实践获取科学事实。这是获取科学事实的直接方法。科学实践活动包括科学观察和科学实验，其中科学观察是最简单也最常用和最古老的一种方式，天文学、动植物学、地质学、气象学等学科中的大量科学事实都是通过科学观察获得的。科学实验是随着科学的进步而出现的获取科学事实的基本方式，它能获得更丰富、更精确的科学事实，在科学认识中占有非常重要的地位。

二、科学观察和科学实验

（一）科学观察

科学观察是人们通过自身感官或借助科学仪器，对客观对象进行有目的、有计划的考察和感知，以获取科学事实的一种感性认知活动。它有以下两个特点：

第一，它是一种感性活动。科学观察不同于理性抽象，它不是通过演绎、类比等逻辑方法获取理性认识的过程，而是依赖感官或仪器直接感知外部世界获取感性认识的过程。

第二，它是一种有目的有计划的活动。与人们的日常感性认识不同，科学观察不是盲目、随意的，而是从一定的问题出发，有目的、有计划地进行的。

科学观察可分为直接观察和间接观察两种。直接观察是不借助于仪器中介、仅凭感官直接考察客体的认识方法，它具有简单、直接、受客观条件限制较少、可随时进行等优点。但是，由于人类感官生理上的原因，直接观察有很大的局限性，例如，人的眼睛只能接受 390 ～750 毫米波长范围内的电磁波，在此范围之外的红外线、紫外线、X 射线、γ 射线等，就不能成为观察的对象；人的耳朵只能听到 20 ～20000 赫兹频率范围内的声波，在此范围之外的声波，耳朵就感知不到了。此外，由于感官的灵敏度不够稳定，直接观察的精确性受到很大的限制；感官的反应速度有限，很难及时准确地观察和记录高速运动或瞬时出现的自然现象；等等。因此，对于认识世界来说，“我们的感官只是一些多少不够完善的辅助工具”①。

为了克服感官的局限性，以 17 世纪初望远镜和显微镜为标志的仪器观察即间接观察迅速发展起来。所谓间接观察，就是通过仪器作为中介而进行的观察。利用仪器，极大地克服了感官的局限，扩大了观察的范围，提高了观察的精确性，使人们的观察得以向自然界的广度和深度延伸。例如，由于光学显微镜的应用，细胞和细菌进入人们的观察视野，扩大了生物学的研究领域；而电子显微镜的出现，又把观察的视角深入到细胞的超微结构层次，推动了生物学的纵深发展。可以说，科学仪器的出现，把人类对世界的认识提升到一个全新的水平。当然，科学仪器的作用也不能无限夸大，它也有其自身的局限性。例如，科学仪器的精确性不是绝对的，总会存在一定的误差；科学仪器的使用对微观客体会产生一定程度的干扰，使得客体的某些属性出现“测不准”的现象。

为了保证所获得的经验事实是可靠的，在进行观察时必须遵循以下原则：

第一，客观性原则。观察者要按照研究对象的本来面目如实地观察它和反映它，努力排除假象和错觉的干扰，避免先入之见，减少主观随意性。

第二，全面性原则。在进行观察时，要尽可能地观察研究对象的各个方面，注意与之相关的各种关系，力求完整地反映事物的全貌，防止片面性。

第三，典型性原则。由于研究对象数量上的广泛性，往往只能挑选其中部分对象进行观察，为了兼顾全面性，在主要问题上不犯片面性错误，就必须选择具有代表性的典型对象进行观察。不难看出，典型性原则有助于克服不完全归纳带来的逻辑缺陷。

作为科学研究的一个基本环节，科学观察在科学认识中具有重要的地位和作用。纵观科学发展历程可以看出，科学上的许多重要认识都是来自于持

---

① ［德］W. 海森堡：《严密自然科学基础近年来的变化》，《海森堡论文选》翻译组译，上海译文出版社 1978 年版，第 71 页。

久而细心的观察。例如，美国心理学家特尔门、西尔斯等人自1921年起对1500多人进行了持续半个世纪的跟踪观察，最终发现：一个人能力的大小同儿童时期智力的高低关系不大，早期的智力超常并不代表成年以后具备杰出的才能。那些事业有成的人往往不是儿童时代被老师和家长认为很聪明的人，而是那些智商一般但对自己的追求锲而不舍、精益求精的人。除此之外，科学观察还可以对科学假说或理论的确认提供事实依据。20世纪初，爱因斯坦广义相对论著名的三大验证——水星近日点的进动、光线在引力场中的弯曲和光谱在引力场中的红移，都是天文观测的结果。可见，科学观察作为一种独立的实践活动，它是检验自然科学真理性的重要标准之一。

科学观察在科学研究中起着重要作用，但不能把观察绝对化，它也有一定的局限性。由于它是在不改变客体自然状态的前提下进行的，这就决定了它只能在有限的范围内发挥作用，面对复杂的对象和环境，仅使用观察不易取得成功。正如恩格斯所说，“单凭观察所得的经验，是决不能充分证明必然性的”①，因而，需要有其他方法来弥补这个缺陷，这就是科学实验。

（二）科学实验

科学实验是科学工作者根据一定的科研目的，运用科学仪器等物质手段，在人为控制或模拟自然过程的情况下考察对象，从而获取科学事实的一种实践活动。与不改变对象自然状态的科学观察不同，科学实验是科学家精心设计的结果。在实验中，依赖于各种专门的仪器设备和严谨的条件限制，所研究的事件将在人为控制的环境下出现。正如俄国生理学家巴甫洛夫所说，实验好像是把各种现象拿在自己手中，并时而把这一现象、时而把那一现象纳入实验的进程，从而在人为控制的情景中确定现象间的真实联系。的确，科学实验充分展示了人类的聪明才智，每一个成功的实验，都是一件独具一格的艺术作品。

与科学观察相比较，科学实验具有如下特性。

1. 科学实验可以简化和纯化自然现象

自然界的现象无限多样并错综复杂地交织在一起，这一方面掩盖了现象之间的真实联系，另一方面还有可能形成假象使我们产生错觉，这就造成了认识上的困难。科学实验将对象置于严格控制的条件下，使其摆脱偶然因素和次要因素的干扰，让对象的特定属性以纯粹的形式呈现出来，从而发现在

① 恩格斯：《自然辩证法》，人民出版社1971年版，第207页。

自然状态下难以发现的特性。例如，在自然状态下，铁球的下落速度比羽毛快，现在知道这是由于空气阻力的结果，但如果没有在真空中所做的关于自由落体的科学实验，我们就会被这一假象所迷惑而得出错误的结论。

2. 科学实验可以再现或重演自然过程

从时间上看，自然界的现象有的转瞬即逝，有的旷日持久，有的还时过境迁；从空间上看，有的规模巨大，有的十分微小，凡此种种，都给观察造成了很大困难，实验方法的出现解决了这一难题。在实验室里，运用仪器设备，可以使转瞬即逝的现象重复出现；可以把周期很长的或很短的过程控制在适当的时间范围内；也可以通过模拟把规模巨大、过程复杂的自然现象"移"到实验室里来研究。例如，原始大气合成氨基酸的过程，自然界是在极其复杂的条件下、经过千百万年的漫长岁月才实现的。然而在 1953 年，美国芝加哥大学的研究生米勒用甲烷、氨、氢和水汽混合成一种与原始大气相近的气体，放入真空玻璃容器中，并模拟原始地球大气层的闪电，在容器的气体中连续进行火化放电，结果只用了短短一个星期，混合气体中便出现了甘氨酸、丙氨酸、谷氨酸和天门冬氨酸等四种构成蛋白质的重要氨基酸，为原始生命产生的假说提供了重要证据。

3. 科学实验可以强化和激化研究对象

客观事物的某些属性只有在超常的极端情况下才能表现出来，在一般情况下不易捕捉和考察。科学实验可以造成自然界或地球上很少出现而又能为我们所控制的一些特殊条件，如超高温、超低温、超高压、高真空等，这些条件使研究对象处于某种极端的状态，从而显露出通常条件下不会出现的某些隐秘性质和功能。如在地球上难以出现接近绝对零度的超低温，但在实验室里可以创造出来。1911 年，荷兰物理学家卡曼林·昂尼斯在实验室创造了 -268℃以下的超低温，发现在这一条件下，汞会突然失去电阻，他把这一现象称为"超导性"，由此开创了超导研究这一重要的科学研究新领域。

科学实验的类型多种多样，可以根据不同的标准进行分类。根据测量手段的不同，科学实验可以分为定性实验和定量实验。定性实验主要用来证明对象是否具有某种属性，如赫兹证明电磁波存在的实验，迈克尔逊·莫雷否定以太存在的实验，等等；定量试验则可以精确地测定属性的量值，如卡文迪许测定引力常数的实验，斐索测定光速的实验，等等。

根据实验手段是否直接作用于被研究对象，科学实验可以分为直接实验和模拟实验。直接实验是在实验仪器直接干预对象的条件下观测对象所输出的信息的实验，上述定性实验和定量实验的例子都属于直接实验。

模拟实验即间接实验，它是通过设计一种与被研究客体相似的替代物即模型，然后通过对模型的研究将信息外推到原型的实验。例如，在修建大型水库时，先按一定比例做一个小的水库模型，在相似条件下进行试验研究，以此获得原型水库的相关信息；在研究地下水的运动状况时，先在实验室建立一个电路装置形成电流场，用电流场的运动来模拟地下水的运动；等等。前者之所以可行，是因为模型水库与原型水库都遵循相同的物理规律，具有物理过程的相似性，故称之为物理模拟；后者之所以可行，是因为电流场的运动与地下水的运动即渗流场的运动都遵循相同的数学方程——拉普拉斯方程，具有数学结构的相似性，故称之为数学模拟。物理模拟和数学模拟是模拟实验的两种基本类型。

模拟实验是当代科学研究中应用十分广泛的实验。之所以如此，是由研究对象的下列情形造成的：①时过境迁、原型无法再现者，如地球上原始生命的起源、宇宙大爆炸的初始状况等；②范围太广、涉及因素众多者，如地球气象的变化、全球水域洋流的运动等；③耗资巨大、造价过于昂贵者，如水库大坝的坍塌条件、飞机的速度界限等；④涉及人身安全、须慎之又慎者，如药物的疗效、器官移植反应等。上述情况决定了直接实验是不可取的，唯有模拟实验即间接实验才是适宜的。

三、观察实验中的认识论问题

科学实验无论采取何种形式，其目的都是为了观察，在这个意义上，实验也可以说是一种广义的观察。作为获取科学事实的基本手段，观察对于理论的重要性是不言而喻的。对于实证科学来说，理论离不开观察或理论依赖于观察，从一开始就是一个不争的事实。但是，这一命题反过来是否成立，即观察是否依赖于理论，却是一个颇有争议的问题。

以培根为代表的早期经验论者认为，观察是一种纯粹的感官反映活动，它不受任何理论因素的影响；相反，在观察中应努力排除理论的影响，进行纯客观的观察。按照这种观点，观察与理论的关系是：理论依赖于观察，而观察却独立于理论，不受理论的制约，这就是近代经验论者提出的“纯观察说”，现代逻辑经验主义者继承了这一观点，并在此基础上提出了“中性观察说”。他们认为，观察处于科学知识结构的底层，理论则处于科学知识的上层，理论层次寄生在观察层次之上，因此，理论依赖于观察，观察则可以不受理论的影响而保持中立。

上述观点看起来是有道理的，但它不能解释以下事实：在联邦德国哥廷根的一次心理学会议上，会议室的门突然开了，冲进两个人，后面的人拿枪追赶前面的人，两个人在会场混战一阵，突然一声枪响，两个人又一起冲了出去。整个过程只持续了 20 秒钟。会议主席请与会者马上写下现场目击报告。这件事当然是预先安排的，其具体过程还经过了排练并全部录了像。但令人吃惊的是，在收上来的 40 份报告中，只有 1 篇的错误少于 20%，错误率占 20%～40% 的有 14 篇，其余 25 篇的错误率均在 40% 以上。特别值得一提的是，超过半数的报告都有 10% 以上的情节是无中生有、纯属臆造的。

这是英国剑桥大学教授贝弗里奇在《科学研究的艺术》一书中讲述的一个例子。这个例子说明，观察并不是纯客观的，其中一定有主观因素在起作用，因为如果观察是纯客观的，那么 40 个人在那么短的时间里观察同一件事，所看到的应该是一样的，但事实上他们所看到的并不一样。类似的例子还有很多，如实验心理学家绘制的鸭兔图（图 3 - 1）：

图 3 - 1

图片来源：525 心理网（www. psy525. cn）。

对于图 3 - 1，有的人看出是鸭子，有的人则看出是兔子。这显然也不是“中性观察说”能解释得了的，它们与观察者的主观因素有关。正如一张病人肺部的 X 光照片，有经验的专科医生一眼就能看出其中隐含的疾病，而缺乏相关知识和经验的普通人则只能看到一些黑白相间的点。在这里，观察对象是相同的，但观察结论却不同。这些事实说明，“纯观察说”或“中性观察说”是站不住脚的。基于此，以汉森为代表的一些科学哲学家在 20 世纪 50 年代提出了一种新的理论学说——“理论负荷说”。

“理论负荷说”也叫“观察渗透理论”，它是美国科学哲学家汉森（N. Hanson，1924—1967）在《发现的模式》一书中针对逻辑经验主义的中性观察说提出来的。汉森认为，观察并非只是感官对观察对象“刺激”的机械反应，观察要受到观察者主观因素即理论素养或知识经验的支配和影响。正是这一原因造成了不同的观察者对同一对象形成不同的观察结果。

观察为什么会渗透理论呢？汉森的解释是，观察作为一种认识活动，并不单纯是一个物理过程，而是物理过程和心理过程的统一。眼睛从观察对象得到光刺激而形成视网膜上的图像，这是物理过程，这时还不是真正的“看到”；真正的看到是一种视觉经验，属于心理过程，它需要通过大脑对外来刺激即感觉材料进行筛选和整理，并按一定的样式组织成某种有序状态。

例如，对于下面这幅“双关图”（见图3－2），识别出这是一张人脸是不难的，因为其中可以找到眼睛、耳朵、鼻子、嘴等人脸的组成部分。值得注意的是，当观察者把这幅图当成人脸的时候，他的“眼”中就只有人脸而不会有别的东西了，于是他就会“按图索骥”，把图中相关线条与人脸的相应器官对号入座。这个过程隐含着信息的筛选与组织，也就是说，对于那些像人脸某个器官的线条他就会给予关注，而那些跟人脸无关的线条，就会被忽略或遗漏，如图中鼻子上、眼睛下的那条短线以及嘴和耳朵间的那条横线，在这里就被忽略了。这是大脑按照人脸的样式“组织出来”的一种可能的有序状态。另一种可能的有序状态是，把刚才忽略的那条短线看成眼睛，横线看成腹部，并给予足够的关注，则这幅图立刻就变成了一条带着长尾巴的老鼠。

图3－2

图片来源：525心理网（www. psy525. cn）。

上述事例说明，真正的“看到”，由获取感觉材料和组织感觉材料两个因素构成，其中，获取感觉材料由眼睛这个器官来完成，而组织感觉材料则由大脑来完成。大脑要完成这一任务，必须借助于已有的知识经验，用已有的知识经验去“框”眼前所获得的感觉材料，符合“框架”的感觉材料就被“录用”，不符合的就被淘汰。在这里，“框架”也可以叫作“知觉定势”，它是由观察者已有的知识经验和理论素养铸成的。正因为如此，不同的观察者，由于所积累的实践经验不同，掌握的专业知识不同，对同一观察对象得出不同的观察结论就是必然的了。因此，观察不是中性的，它依赖于理论，“是理论决定我们能够观察到的东西”，“只有理论，即只有关于自然规律的知识，才能使我们从感觉印象推论出基本现象”。[①] 爱因斯坦的这一看法是非常深刻的。

需要指出的是，“观察渗透理论”并没有否认观察的客观性。科学观察之所以是“科学”的，原因恰恰在于其遵循了客观性原则。客观性原则要求，观察者要按照研究对象的本来面目如实地观察它和反映它，努力排除假象和错觉的干扰，避免先入之见，减少主观随意性。观察渗透理论之所以没有否认这一原则，是因为观察所渗透的理论，不是主观臆造的产物，而是从实践中来并经过了实践检验的东西，其客观性是有保障的，以这样的理论为指导进行观察，观察的客观性也就有了保障。此外，观察结果的可重复性，以及仪器设备和方法手段的科学性，也是观察客观性的有力保证。

第二节　演绎、归纳与批判性思维

通过观察和实验获取科学事实，完成了科学研究的一项基础性工作，是科学发现的重要环节。没有这一环节，科学发现就是无源之水、无本之木；但仅有这一环节，科学发现也只是一个愿望、一种可能，因为科学发现的最终完成，还要依靠理性的力量，即通过思维的功夫，对感性材料进行加工改造。在这个过程中，演绎、归纳等逻辑思维方法就成了不可缺少的思维工具。

① ［美］爱因斯坦：《爱因斯坦文集》第1卷，许良英等编译，商务印书馆1976年版，第211页。

一、演绎推理

人类是擅长推理的动物。演绎与归纳是人们常用的两种推理形式。一般认为，经典的推理形式是演绎而不是归纳，因为归纳算不算推理曾受到休谟的质疑，而演绎作为推理的代名词在古希腊时期就尘埃落定了。那么，什么是演绎推理呢？回答这个问题需要弄清演绎推理的一般特征。让我们从一些例子开始。

“天下乌鸦一般黑”，是众所周知的成语，翻译成标准表达式是“所有乌鸦都是黑的”，这就是形式逻辑所说的“命题”。它只有一个主谓结构，属于简单命题；它反映的是对象具有（或不具有）某种性质，因而称为性质命题，也叫直言命题。直言命题可以根据其质和量的不同划分成四种类型：全称肯定命题（所有S是P）、全称否定命题（所有S不是P）、特称肯定命题（有的S是P）和特称否定命题（有的S不是P）。显然，“天下乌鸦一般黑”即“所有乌鸦都是黑的”是一个全称肯定命题。

命题是构成推理的元素。以直言命题构成的推理主要有两种：直接推理和三段论。直接推理是从一个直言命题出发、推出另一个直言命题为结论的推理。例如，从“所有乌鸦都是黑的”可以推出“所有乌鸦都不是非黑的”，这叫“换质法”；从“所有乌鸦都不是非黑的”可以推出“所有非黑的都不是乌鸦”，这叫“换位法”；换质法和换位法可以连续进行，称为“换质位法”，例如从“所有乌鸦都是黑的”经过“换质—换位—再换质”三步曲可以得到“所有非黑的都是非乌鸦”的结论。这是亨普尔“乌鸦悖论”中的例子。

如果在“所有乌鸦都是黑的”后面再增加一个直言命题，例如“正在鸣叫的那只鸟是乌鸦”，就可以推出“正在鸣叫的那只鸟是黑的”这一结论，它也是一个直言命题。这就是西方逻辑史上声名显赫的三段论，它由亚里士多德建立，历经2000多年而不衰，迄今为止仍然是逻辑推理的核心内容。一讲到推理，人们首先想到的就是三段论。

什么是三段论？三段论习惯上也叫直言三段论，是指从两个包含着共同词项的直言命题出发，推出一个新的直言命题为结论的推理。它属于间接推理，通常写成下面的形式：

所有乌鸦都是黑的，

正在鸣叫的那只鸟是乌鸦，
所以，正在鸣叫的那只鸟是黑的。

容易看出，三段论由三个直言命题组成，其中两个是前提，一个是结论。结论的主项称为小项，用 S 表示，含有小项的前提是小前提；结论的谓项称为大项，用 P 表示，含有大项的前提是大前提；两个前提共有的词项叫中项，用 M 表示。于是，上述三段论就可抽象成下面的形式：

所有 M 都是 P
S 是 M
所以，S 是 P

这一形式表明了三段论推理的实质：对一类事物的全部有所断定，那么对它的部分也必然有所断定，换句话说，一类事物的全部是什么，它的部分也就是什么。这是三段论推理赖以成立的基本依据，具有显而易见的真实性，是无需证明的，因而称为三段论公理。三段论的形式复杂多样，它有四个不同的格，每个格又有若干个不同的有效式，但归根到底都是以三段论公理所揭示的这种类与类之间的简单关系为基础的。当然，要确保三段论推理的有效性，仅有三段论公理是不够的，还需要遵守三段论的规则，包括一般规则和格的规则。这是形式逻辑的研究内容，这里恕不赘述。

直接推理和三段论都是简单命题的推理。除此之外，形式逻辑还研究复合命题的推理，如假言推理、选言推理等。假言推理是以假言命题为大前提所构成的推理，包括充分条件假言推理、必要条件假言推理和充分必要条件假言推理三种类型。其中，充分条件假言推理是其主要形式。

充分条件假言推理是指前提中有一个充分条件假言命题，并根据充分条件假言命题的逻辑性质进行推演的假言推理。这种推理有两条规则：肯定前件就要肯定后件，否定后件就要否定前件；否定前件不能否定后件，肯定后件不能肯定前件。据此，充分条件假言推理有两个有效式——肯定前件式和否定后件式；两个无效式——否定前件式和肯定后件式。例如：

如果所有天鹅都是白的，那么澳洲的天鹅是白的，
澳洲的天鹅不是白的，
所以，并非所有天鹅都是白的。

提炼成逻辑形式是：

> 如果 p，那么 q，
> 非 q
> 所以，非 p

这是充分条件假言推理的否定后件式，是有效推理。这一推理就是波普尔证伪主义学说的逻辑基础，也是论证理论中“归谬法”的逻辑基础。又如：

> 如果所有天鹅都是白的，那么欧洲的天鹅是白的，
> 欧洲的天鹅是白的，
> 所以，所有天鹅都是白的。

提炼成逻辑形式是：

> 如果 p，那么 q，
> q
> 所以，p

这是充分条件假言推理的肯定后件式，是无效推理。有点意外的是，这个无效推理却是有价值的，它是科学假说检验过程所遵循的逻辑方法，称为假说演绎法。

必须指出的是，无效推理虽然不是完全无效的，但由于它的结论不具有必然性，因而与有效推理即必然性推理就有了本质的区别。以此为界限，现代逻辑将推理一分为二：必然性推理与或然性推理。必然性推理即演绎推理，或然性推理即归纳推理。因此，演绎推理的定义是：演绎推理就是前提与结论之间有必然性联系的推理。前提与结论之间有必然性联系即前提蕴含结论，因此，这一定义也可以等价地表述为：演绎推理就是前提与结论之间有蕴含关系的推理。①

根据这个定义，传统逻辑将演绎推理定义为“从一般到个别的推理”并不确切，它犯了“定义过窄”的错误，因为演绎推理并不都是从一般到

① 参见金岳霖主编《形式逻辑》，人民出版社 1979 年版，第 144 页。

个别，它也可以从一般到一般，还可以从个别到个别。正因为如此，现代逻辑放弃了从思维进程的角度来定义演绎推理的做法，而改为从前提与结论之间是否具有必然性联系这个角度来进行。这就抓住了问题的实质。有了这一视角转换，演绎推理的基本问题——有效性问题就容易理解了。所谓有效性，是指当前提为真时，结论不可能假，即前提真，结论必真，也就是说，一个正确的演绎推理能保证从真前提得出真结论。演绎推理为什么会具有这种“保真性”？它为什么是一种“安全的”推理工具？一个现存的解释是，演绎推理的结论早已包含在前提之中了，实际上是已知的，推理过程只不过是把前提中隐含的信息明朗化，是对前提中已有内容的某种重复。因此，演绎推理推不出新知识。

这一解释是有一定道理的。但演绎推理推不出新知识却是一个引起争议的问题，这里的关键是如何定义“新知识”，如果把新知识理解为逻辑上的，即前提中没有包含的超出了前提范围的知识，那么演绎推理不能提供这样的知识。如果把新知识理解为心理上的，即隐含在前提中的尚未进入理智范围的陌生知识，那么演绎推理能够提供这样的知识。实际上，有些知识“隐藏得如此之深”，以至于不通过逻辑分析和演绎推理就无法揭示出来。狭义相对论就是这样的例子。如果把相对性原理和光速不变原理提升为公设，那么狭义相对论的钟慢尺缩效应、动量守恒定律以及质能关系式等诸多内容就可以从两个公设中演绎地推导出来。谁能否认狭义相对论是新知识呢？在这个意义上，演绎推理能提供新知识是毋庸置疑的。当然，演绎推理推出的新知识需要经过实践的检验。科学史上很多重大发现的诞生正是经历了这样的两个阶段——它们首先在逻辑演绎过程中被推导出来，然后人们根据推导的结果再从自然界把它找出来。镓、锗等新元素的发现是这样，海王星、电磁波以及中微子的发现也是这样。

值得强调的是，演绎推理不仅具有发现知识的功能，还具有构筑知识使之成为理论体系的功能。科学史上，最受科学家青睐的是这样一种方法：从几个为数不多的、不证自明的命题（称为公理）出发，根据推理规则推导出一系列的结论（称为定理），从而建立起一个完整严密的知识体系——公理系统，这就是所谓的公理化方法。公理化方法是演绎方法的衍生物，其最早的倡导者是亚里士多德。亚里士多德认为，完美的自然科学体系应该是建立在少数第一公理的基础上、经由演绎方法组织起来的概念命题体系。科学史上第一个典型的公里系统是欧几里得几何学；其后，牛顿仿照欧氏几何建立起另一个严整的公理系统——牛顿力学系统。欧式几何和牛顿力学是公理化方法应用于科学领域的典范。如今，这一方法已成为普遍推广的现代科学方法。

不过，公理化方法并非尽如人意。1931 年，奥地利数学家哥德尔证明了一个震撼数学界的定理——哥德尔不完全性定理，这个定理指出，数学公理系统的无矛盾性和完全性是相斥的，二者不能同时满足，这就决定了公理系统必须牺牲完全性来满足无矛盾性这一根本性要求。接受这一点是痛苦的，它意味着我们不可能通过逻辑推演把某一领域内的所有真命题一网打尽，总会有漏网之鱼。哥德尔的这一结论粉碎了人们长期以来的一个梦想——逻辑最终能使我们理解整个世界。没有了完全性梦想，人类只有一条路可走，那就是不断地创造新的公理系统以求得更大的完全性。爱因斯坦的相对论较之牛顿机械力学就是这样的系统，前者比后者更完全但又不是最完全的，最完全的系统永远也不会出现。这就再一次印证了那条认识论原理：人类对世界的探求是一个永无止境的过程。

二、归纳推理

作为一种思维方法，演绎推理具有必然性而且与事实无关。只要知道“所有乌鸦都是黑的”这个大前提，借助直言三段论，不用观察就能知道“正在鸣叫的那只乌鸦是黑的”这个结论。从思维进程的角度看，“所有乌鸦都是黑的”显然是思维运动的起点。正是从这一起点出发，我们得出了上述结论。问题是，这个作为起点的一般性知识是如何得来的？答案是：归纳。我们运用归纳推理从经验中获得一般性知识，然后才以此为前提演绎出纷繁复杂的个别性知识。从这个意义上说，归纳是认识的基础，演绎离不开归纳，没有归纳就没有演绎。

什么是归纳推理？按照传统归纳逻辑的观点，凡是从个别性知识推出一般性知识的推理，称之为归纳推理。例如，人们在自己生活的空间里观察到的乌鸦无一例外都是黑色的，于是得出结论：所有乌鸦都是黑色的，这就是作了一个归纳推理。把这一推理展开并抽象成形式结构则是：

S_1 是（或不是）P
S_2 是（或不是）P
……
S_n 是（或不是）P

S_1、S_2…S_n 是 S 类的部分对象
所以，所有 S 都是（或不是）P

这就是传统归纳逻辑中的不完全归纳推理，也叫简单枚举归纳推理，亦称简单枚举法，它是归纳推理的基本形式。其实质是：根据一类事物中部分对象具有（或不具有）某种属性，推出该类事物所有对象都具有（或不具有）这种属性。

简单枚举法的结论不是必然的，它可能真也可能假。因为前提所考察的只是一类事物的部分对象，结论却对该类事物的全部对象作出断定，结论断定的范围超出了前提所断定的范围。因此，前提的真对结论的真只能提供部分支持而不能提供绝对保证。针对简单枚举法的或然性特征，人们很容易想到通过以下途径来提高它的可靠性程度：①尽量增加被考察对象的数量；②尽量扩大被考察对象的范围；③尽量兼顾被考察对象之间的差异。一般来说，遵循以上原则有助于提高结论的可靠性程度，但这不是绝对的，还存在着这种情况：枚举事例的数量已经很多了，但事后仍然发现了反例从而推翻了原来的结论。欧洲人观察了上千年，看到的天鹅都是白色的，他们运用简单枚举法得出结论：所有天鹅都是白色的，后来他们来到澳洲，却发现那里的天鹅是黑色的。

归纳推理的这种尴尬境况引起了哲学家的关注。18 世纪英国哲学家休谟第一次提出了归纳的合理性问题。作为一个经验论者，休谟并不怀疑归纳法的重要作用，相反，他非常推崇归纳法。他所质疑的是：我们用来扩展经验知识的归纳推理，其合理性被证明过吗？或者说，我们能从逻辑的角度来证明归纳法是合理的吗？这就是西方哲学史上著名的休谟问题，也叫归纳问题。对这一问题，休谟通过论证给出的答案是：无法从逻辑的角度来证明归纳法的合理性，也就是说，既不能从演绎的角度来证明归纳法的合理性，也不能从归纳的角度来证明归纳法的合理性。因为演绎推理不涉及经验事实，只涉及命题之间的关系，它的禁律只有一条，就是命题之间不可相互矛盾。对于归纳推理来说，这一条是恒可满足的，因为归纳推理所涉及的过去的经验事实与将来的经验事实之间永远不会构成逻辑矛盾。也就是说，“过去每次看到的天鹅是白色的”与“下次将要看到的天鹅是黑色的”作为相互独立的经验事实，它们之间不构成逻辑矛盾，因此，如果有人硬要从前者反归纳地推出后者，演绎推理是拿不出理由来反对的。既然演绎推理不能区分归纳与反归纳，这就表明演绎推理对于证明归纳合理性问题是毫无帮助的。那

么，能否由归纳推理来证明归纳的合理性呢？答案也是否定的，因为归纳的合理性正在我们的怀疑之列，用归纳推理来证明归纳的合理性无疑是一种无穷倒退，必将陷入循环论证。

休谟的论证宣告了逻辑证明归纳法的无望，同时也引发了解决归纳问题的各种尝试。19 世纪英国哲学家穆勒在总结前人经验的基础上提出的探求因果联系的五种方法，可以看作对休谟问题的最初“解决”。[①] 所谓探求因果联系，也叫因果推理，就是从结果找原因，或从原因推结果。它们与实验相关，本质上是一种实验方法。这五种方法是求同法、求异法、求同求异并用法、共变法和剩余法，其大意如下：

(1) 求同法。被研究的现象在不同场合出现，而在这些场合中，只有一个情况是共同的，那么，这个唯一共同的情况就与被研究现象之间有因果关系。例如，在 19 世纪，人们对甲状腺肿大的病因还不清楚，医疗卫生部门便组织人员对甲状腺肿大盛行的病区进行调查，发现这些地区的人口、气候、风俗等情况均不相同，但有一个情况是共同的，即这些地区的土壤和水中缺碘，于是得出结论：缺碘是引起甲状腺肿大的原因。这里用的就是求同法。

作为一种归纳方法，求同法的结论当然不是十分可靠的，而是存在着这种可能：不同场合中的“唯一共同情况”只是一个假象，并不是被研究现象的原因，真正的原因是隐藏着的。有人举过这样的例子：某人喜欢喝酒，第一天喝白酒兑苏打水，结果喝醉了；第二天喝葡萄酒加苏打水，又喝醉了；第三天喝啤酒加苏打水，还是喝醉了。根据求同法，苏打水是喝醉的原因。这明显是错误的——酒精才是醉酒的真正原因。因此，使用求同法要特别注意有无隐蔽的共同情况。

(2) 求异法。考察被研究现象出现和不出现的两个场合，发现只有一个情况是不同的，其他情况完全相同，而两个场合唯一不同的这个情况，在被研究现象出现的场合中是存在的，在被研究现象不出现的场合中是不存在的，那么，这个唯一不同的情况就与被研究现象之间有因果关系。例如，为了弄清楚蝙蝠为什么能够在黑暗中准确飞行，科学家做了一个实验，在一间不透光的黑暗房间里布满铁丝网，铁丝网上拴有铃铛，然后把一组蝙蝠放入屋内让它们飞行，结果铁丝网上的铃铛毫无动静，这说明蝙蝠能够准确无误地在铁丝网的空隙中穿行；接下来，科学家把这组蝙蝠的耳朵塞住，再把它

---

① 参见陈晓平《归纳逻辑与归纳悖论》，武汉大学出版社 1994 年版，第 178 页。

们放入屋内，结果铁丝网上铃声四起，这说明蝙蝠在暗房中不能准确飞行，于是科学家得出结论：具有正常听力是蝙蝠能够在黑暗中准确飞行的原因。这里用的就是求异法。

一般来说，由于考虑了正反两个场合，求异法比求同法的可靠性大。但这也不是绝对的。有人一上课就头疼，不上课就不疼，根据求异法，他把头疼的原因归结为上课。后来检查发现，引起他头疼的真正原因是他上课才戴的那副不合适的眼镜。这说明差异法的结论也是或然的。因此，要准确使用求异法，必须保证那个"不同的情况"是唯一的。

（3）求同求异并用法。有两组事例，一组是由被研究现象出现的若干场合组成，称为正事例组；另一组由被研究现象不出现的若干场合组成，称为负事例组。如果在正事例组的各个场合里只有一个共同的情况，而且这个情况在负事例组的各个场合里都不存在，那么这个情况就与被研究现象之间有因果关系。法拉第在发现电磁感应现象的过程中运用了这一方法。据说，法拉第在得知电可以转化为磁的消息之后，立即联想到了能否"转磁为电"的问题。带着这个问题，他首先设计了下面的"静态"实验：平行放置两根导线，给其中的一根通电，看另一根导线中是否会有电流感应产生。结果令他失望。他花了 10 年时间设计了无数次类似的实验，无一例外都失败了（此为负事例组）。后来他把"运动"带入实验——尝试把磁铁插入铜线圈，或者把铜线圈套到磁铁上，终于产生了电流。反复实验都是这样（此为正事例组），于是他领悟到了"转磁为电"与"运动"之间存在着因果关系，即运动是转磁为电的原因。一般而言，运用求同求异并用法应注意两点：首先，正事例组与负事例组场合愈多，结论的可靠性程度就愈高；其次，对于负事例组的各个场合，应选择与正事例场合较为相似的来进行比较。

（4）共变法。在被研究现象发生变化的各个场合，如果其中只有一种情况是变化着的，其他情况都保持不变，那么这个唯一变化着的情况就与被研究现象之间有因果关系。例如，人们发现，在其他条件不变的情况下，对一个物体加热，物体的体积就会增大，当物体的温度不断升高时，物体的体积就不断膨胀。由此得出结论：物体受热是物体膨胀的原因，这就是热胀冷缩现象。这里用的就是共变法。很明显，共变法是从现象变化的数量程度来判明因果关系的，它也是科学研究中最常用的方法之一。

（5）剩余法。如果已知某一复合现象是另一复合现象的原因，同时又知道前一复合现象中的某一部分是后一复合现象中某一部分的原因，那么前一复合现象的其余部分与后一复合现象的其余部分之间有因果关系。科学史上，镭的发现运用了这一方法。居里夫人已经知道纯铀的放射性强度，但她在测定沥青铀矿石的时候，发现几块沥青铀矿石的放射性强度比纯铀的放射性强度还要大很多，于是她推断：在这些沥青铀矿石中，除了铀以外，还存在着另一种放射性更强的元素。经过反复实验，她终于发现了这种元素——镭。

可以看出，“穆勒五法”的实质和核心是“排除”，即把那些与被研究现象不能恒常伴随因而明显不是被研究现象的原因的先行情况排除掉，进而把唯一剩下的那个情况确定为被研究现象的原因。因此，穆勒五法也被称为“排除归纳法”。

排除归纳法虽然比简单枚举法更精致，也更具可操作性，但它并没有解决归纳问题，因为这一方法是基于以下原理建立起来的：任何现象都有产生它的原因，也都有被它产生的结果，这就是所谓“普遍因果性原理”。只有承认这个原理，排除归纳法才有立足之地。但问题是，普遍因果性原理是合理的吗？或者说，有什么理由要求人们接受普遍因果性原理？对此，穆勒的回答是：经验。具体地说，人们借助于普遍因果性原理去寻找因果关系都获得了成功，正是这些成功使人们相信普遍因果性原理的真实性。不难看出，穆勒的这一论证运用的恰恰是简单枚举法，即从过去使用普遍因果性原理的成功推出将来使用普遍因果性原理也会成功。这又绕回到了起点。

穆勒之后，归纳逻辑开始从古典走向现代。现代归纳逻辑的一个显著特点，就是借助概率论这一数学工具来研究归纳推理和归纳方法，由此产生了形形色色的概率归纳逻辑理论，如凯恩斯的归纳逻辑理论、赖欣巴哈的归纳逻辑理论、卡尔纳普的归纳逻辑理论等。这些理论的一个共同点，就是以0～1之间的小数即概率来刻画归纳结论的或然性程度。这就把或然性关系量化了，于是出现了“归纳强度”这个概念。归纳强度是现代归纳逻辑的一个核心概念。与归纳逻辑的这一“飞跃”相适应，归纳问题的研究也有了新的进展。有人比较了下面两个推理：观察到的几种金属都是导电体，所以，所有金属都是导电体；屋子里好几个男人都有三个儿子，所以，屋子里所有男人都有三个儿子。很显然，这两个形式相同（都是简单枚举法）的归纳推理，其实质是不一样的。前者把金属导电这个自然规律进行外推，是正确的；后者把几个男人具有三个儿子这种偶然巧合进行外推，则是错误的。实际上，这里存在着可以外推和不可外推的情形，传统的归纳推理对此不加区分，笼统地将它们接纳在枚举归纳法的框架内，这种粗糙的推理规则是不利于推出正确结论的。因此，科学的归纳推理，应该能够区分上述两种情形。问题是，如何区分这两种情形？或者说，如何区分有效的归纳推理和无效的归纳推理？这就是美国科学哲学家古德曼在考察休谟问题的基础上提出的“新归纳之谜”。

“新归纳之谜”是对旧归纳之谜即休谟问题的拓展和深化。休谟完全忽视了有效和无效的归纳推理的区别，笼统地追问归纳合理性问题，暴露出古典归纳逻辑的局限性。古德曼采用现代归纳逻辑的手段，从一个新的角度重塑归纳问题，一方面是对这一问题的精细化，另一方面也是对它的有效推进。和休谟问题一样，新归纳之谜一经提出，就引起了众多哲学家和逻辑学家的关注，同时也催生了各种各样的解决方案，但这些方案无一例外都失败了。迄今为止，归纳问题仍然是一个悬而未决的问题。

但是，这并不影响人们照常使用归纳推理。归纳推理是有用的认识工具，如果没有归纳法，“那我们除了当下呈现于记忆和感官的事情而外，完全不知道别的事情”①。归纳的作用已经由无数次经验证明过了。经验证明即归纳证明。在这里，以归纳法来证明归纳推理，恐怕是我们不得不接受的循环。

归纳是重要的，但绝不是万能的。归纳虽然是认识的基础，但归纳本身也离不开演绎，如果说没有归纳就没有演绎，同样，没有演绎也就没有归纳，归纳的作用很大程度上要靠演绎来配合，科学史的事实证明了这一点。极力推崇归纳法的牛顿，之所以能在科学上作出伟大的贡献，就在于他除了运用归纳法外，还大量运用了演绎法。万有引力定律的发现固然离不开大量的经验材料和经验定律，有归纳的功劳，同时也得益于“宇宙万物都具有共同的本质”这个普遍性原理，又有演绎的特征，归纳和演绎在这里是相得益彰的。其实，牛顿的《自然哲学的数学原理》一书以公理化的方法写成，更清楚地说明了这一点。总之，归纳和演绎是认识过程中既相互对立又相互联系的两种方法，二者互为前提、互相补充，夸大其中一个而贬低另一个，都是极端错误的。

三、批判性思维

20世纪70年代，美国教育界人士通过调查发现：美国学校所培养的人才越来越缺乏分析问题和解决问题的能力，这暴露出美国教育模式的弊端。

---

① ［英］休谟：《人类理解研究》，关文运译，商务印书馆1982年版，第43页。

伴随这一发现，一场以素质教育为核心的教育改革在美国兴起。与此同时，为落实素质教育而开设的新课程——批判性思维，在美国大学的课堂出现并很快演变为一场运动：批判性思维运动。批判性思维运动在20世纪80—90年代发展到顶峰。如今，批判性思维的观念深入人心，已融进美国的文化价值之中，并产生了全球性影响。①

（一）何谓批判性思维

何谓批判性思维？回答这一问题最好从它的反面着手，即什么是缺乏批判性思维。一个流行的例子生动地说明了这一点。多年前，一位美国教授做了一个实验，他请朋友冒名顶替代他给学员讲授有关皮亚杰的第一节课，让朋友故意把课讲得乱七八糟。即使这样，学员还是认真做笔记，无人提意见。这时，隐藏在学员中的这位教授举手问："这些内容都在课本里，为何还要我们记笔记？"冒充的老师说："等会儿你就知道了。"5分钟后，教授又举起手说："听不懂！"冒充的老师再解释一遍，于是学员仍埋头记笔记。10分钟后，教授再次举手说："还是听不懂！"冒充的老师说："那你来讲吧！"于是，教授走上讲台正式讲课。据说，这个办法已被教授用了10余年。

这个实验表明，学员对所接触的信息毫无戒备之心，除了被动地接受之外再无其他反应。这种对外部信息不加甄别和反思，想当然地视为正确而加以接受的心理习惯，正是缺乏批判性思维的表现。这一现象从反面告诉我们，批判性思维不是别的，它是对信息的真实性、精确性、合理性与价值性进行审慎思考和评估并作出个人的判断，以期对相信什么和做什么提供依据的一种理性活动。根据这一定义，批判性思维并不专属于学者和科学家，它更多地与普通人相联系，是日常生活中经常能用到的一种思维方法。例如，辨别误导顾客的广告，识破网络营销中的陷阱，考察文章或演讲中的前后逻辑性，等等，都离不开批判性思维。如果说创造性思维是所谓的多谋，那么批判性思维就是所谓的善断。

"善断"是一种可贵的理性能力，其重要性怎么强调也不过分。在当今信息泛滥的自媒体时代，每时每刻，信息以各种形式扑面而来。生活在这样的时代，最容易犯的一种错误就是简单盲从——别人说什么就相信什么。今天，不加思索地传播那些看似重要实则虚假的言论，成了普通大众的一种通

① 参见程本学、王继芳《批判性思维是如何炼成的》，《岭南学刊》2018年第1期。

病。这种感性、草率的行为是十分有害的，它极易造成网络环境的污染和混乱，也容易使人跌入陷阱造成损失。解决这一问题固然要有法律法规的强制约束，但个人内在素养特别是批判性思维能力的提升也是一个至关重要的环节。批判性思维能引导人们审慎思考、远离盲从，它的核心功能就是帮助人们在良莠不齐、堆积如山的信息资源中披沙拣金，筛选出真实可信的有用成分。毫无疑问，这种能力是每个人必须具备的一种素质。

批判性思维并非现代人的发明，它在西方有着源远流长的历史。苏格拉底的“精神助产术”可以看作它的源头和典范，中世纪经院哲学家为了论证“上帝存在”而提出的各种逻辑证明，作为对上帝信仰的一种理性思考，也属于批判性思维的范畴。哥白尼以非凡的勇气用“日心说”挑战存在了1000多年的“地心说”，伽利略以过人的智慧用“思想实验”否定亚里士多德的自由落体理论，作为“大胆质疑，谨慎断言”的经典案例，更是批判性思维的成功运用。至于19世纪的马克思，借助于对资本主义的批判，并通过对德国古典哲学等经典理论的革命性改造，最终创立了影响深远的马克思主义，则是批判性思维运用得炉火纯青的表现。

（二）作为起点的论证

批判性思维的“善断”究竟是如何炼成的呢？它当然不可能是灵感来潮时的突然领悟。作为一种理性活动，它与知识联系在一起。一般认为，获得批判性思维能力的一个基本前提，就是要了解形式逻辑的论证理论。论证是“说理”的别名，而说理又是批判性思维的标志性特征，于是批判性思维就与论证结下了不解之缘。它以论证为起点，其主要工作都是围绕论证展开的。因此，掌握论证的理论知识，是培养批判性思维的首要环节。

论证也叫证明，它与推理相关联。推理是从一个或几个已知的命题出发推出一个新命题的思维过程。这一过程强调的是前提与结论之间的逻辑关系，它并不关心前提的真假，假的前提也可以成为推理的出发点。推理的这种宽松条件有时会受到限制。当需要确定某一命题或断言是真的以便让人接受的时候，人们借助于推理来达到这一目的，但此时的推理要求从已知为真的前提出发，而不能从明显为假的前提出发，否则论证就没有说服力。因此，所谓论证，就是引用一个或一些真实的命题、借助推理形式确定另一个命题真实性的思维过程。

平面几何是领会论证和推理及其关系的最好例证。一个熟知的例子是：根据“两直线平行同位角相等”和“两直线平行内错角相等”以及“平角等于 180 度”这三个已知条件，借助于必要的辅助线及等量代换原理，可以得出“三角形内角之和等于 180 度”这一结论。从逻辑的角度看，这一过程包含着双重意义：顺着看是推理，倒着看是论证。就是说，先给出前提后得出结论叫推理，先给出结论后寻找证据叫论证。

如果说推理由前提和结论两部分组成，那么论证则由论题、论据和论证方式三部分组成。论题是通过论证要确定其真实性的命题，主要表明“所证明的是什么”，它相当于推理的结论。上述例子中，“三角形内角之和等于 180 度”就是论题。论题如果以问题的形式出现，例如“是否应该允许大学生在读期间结婚?”则论证者在这一问题上所坚持的观点（例如“应该允许大学生在读期间结婚”）称为论点，也叫主张或断言。

论据是被引用来作为论题真实性之根据的命题，主要表明“用什么来证明”，它相当于推理的前提。上述例子中，“两直线平行同位角相等”“两直线平行内错角相等”和“平角等于 180 度”等都是论据。可以作为论据的命题有两类：一类是已被确认的关于事实的命题，以这类命题做论据进行论证即通常所说的摆事实；另一类是表述一般性原理的命题，以这类命题做论据进行论证即通常所说的讲道理。值得注意的是，在实际论证过程中，有些参与推理的论据不一定明确表述出来，而是在暗中起作用，它们被称为隐含的前提。揭示这些隐含的前提以确定推理是否正确，是批判性思维的一个重要环节。

论证方式是指论据与论题之间的联系方式，主要表明“怎样证明”，它相当于推理的形式。与前两者不同的是，论证方式并不独立存在于论题与论据之外，而是以隐含的形式存在于论题与论据之中，需经分析才能发现。根据逻辑学的研究，推理的形式主要有两种：演绎推理和归纳推理。按照传统的解释，演绎推理是从一般性原理到个别性论断的推理，归纳推理是从个别性例证到一般性原理的推理。采用演绎推理推出所要论证的命题，这种论证称为演绎论证；采用归纳推理推出所要论证的命题，这种论证称为归纳论证。上述关于平面几何的例子，就是典型的演绎论证。

作为表达主张、交流思想、传播知识的有力工具，论证是运用得非常普遍的思维形式。一般说来，当一个人给出支持某个命题的理由时，他便提供了一个论证。但是，日常思维中的论证并不总是那样严格和规范，它们难免会有缺陷，这种缺陷就是逻辑学所说的“谬误”。

根据逻辑学的研究，论证中可能出现的谬误有很多种，大致可分为“形式谬误”和“非形式谬误”两大类。形式谬误是指逻辑形式不正确所形成的谬误，如“中项不周延”“充分条件假言推理从肯定后件到肯定前件”等，都属于形式谬误；凡不属于形式谬误的其他谬误，都是所谓的非形式谬误，如“语词歧义”“虚假理由”“诉诸无知”“诉诸情感”“因果倒置”等。非形式谬误的特点是：其结论不是在逻辑通道中依据某种推理形式从前提推出，而是在逻辑通道外借助语言、心理等因素强行得出的。例如：“他不是名人，因为我从未听说过。”这是典型的“诉诸无知”。又如：“如果你不爱我，我这一辈子都是孤苦伶仃的，活着还有什么意思呢?”这是“诉诸情感”或“诉诸怜悯”。这些貌似有理的“论证”，有时语言生动感人，但都经不起理性的审查。

（三）从段落中识别论证

几何与数学中的论证，有一个显著的特点，那就是规范性，除了语言符号的无歧义，论证过程也很干净，一般不会夹杂论证之外的东西，也不会省略或隐藏某些必要的前提，因此，数学论证是理想的论证。但是，人文社科特别是日常交流中的论证就不一样了，它们是很不纯粹的，除了自然语言的不精确，还会与修辞难分难舍，甚至掺杂情感的因素，很多时候还会省略前提或颠倒前提与结论的顺序，等等。也就是说，人文社科与日常交流中的论证不像数学论证那样一目了然，而是带有很大的隐蔽性、模糊性，需鉴别才能发现。

网络上曾流传一篇名叫《人到中年不交五友》的短文，被很多网友转载和点赞。所谓“五友”即五种类型的朋友，包括“富豪”“显贵”“成功者”“名士”和“风流才子”等。鉴于五段文字结构相同，现只摘录第一段分析如下：

不与富豪交，我不穷。本来，自己的小日子过得还不错，房子不大够住，钞票不多够花；可是如果硬要和富豪大款交往，一看人家那豪宅花园、名车游艇，立即就会觉得自己太穷了。其实，自己的家境并无任何变化，只是因交友“不慎”，一下子就把自己变成“穷人”了。

不习惯于逻辑分析的人，未必能一眼看出这是一个论证，尽管它比较简单。实际上，这段平铺直述的话，是在论证“人到中年不交五友”的子论题——不交富豪朋友。之所以这样说，当然是因为它包含了论证的基本要素：论题、论据和论证方式。论题（即论点）是明摆的——不与富豪交；

论据也很清楚——如果我与富豪交，我就会变穷。这里的关键是论证方式即推理形式。经过整理，可以认为该论证采用了如下的推理：

如果我与富豪交，我就会变穷；
我不想变穷；
所以，我不与富豪交。

上式中，小前提“我不想变穷”作为一个理所当然的事实被省略了，一旦把它恢复出来，很容易看出这是充分条件假言推理的否定后件式，是一个有效的演绎推理。也就是说，该论证的推理形式或论证方式是演绎的，因而属演绎论证。值得注意的是，该论证的目的是要确定“不与富豪交”的真实性，可论证过程讲的却是如果“与富豪交”会怎样，这显然是从反面着手进行的论证。这种通过确定与论题相矛盾的命题的虚假性，来间接确定论题的真实性的方法，称为反证法，它属于间接论证的一种。

作为自然语言表达的论证，上述例证已然是清楚明白的了，因为它短小精悍。如果是一篇文章、一段讲话，情况就没有这么乐观了。在那些长篇大论中，论证过程被充分展开，它实际上是被其他成分稀释了，因此，若要把它从复杂的背景材料中分离出来，除了要掌握上文所说的相关知识，还需要有一定的技巧和方法。这一过程就是所谓的识别论证。

识别论证包括抓住断言和辨识理由等方面。抓住断言即识别论题或论点。这一过程较为简单，因为论题或论点一般出现在文章或讲话的开头或结尾。出现在开头时一眼就可以看出，它往往就是第一句话；出现在结尾时也不难发现，它常常跟在标志词“因此”“所以”“这表明”“总而言之”等后面。

辨识理由或论据相对要困难一些，但也是有迹可循的。一般来讲，可以通过标志词“因为”“如果”“鉴于”“其理由是”等获得线索，也就是说，这些词语所引导的常常就是论据或理由。但这里有两个问题需引起注意：第一，作为常见的引导理由的标志词，“因为”后面的内容并不总是在证明论题，它有可能是在解释现象。例如，“为什么我发胖了？因为你最近饮食过量，又缺乏锻炼。”这里，“因为”一词所引导的就不是支持论题的理由，而是解释现象的原因，二者之间有本质的区别，不能混淆。第二，标志词并不总是出现，他们有时被省略。遇到这种情况，就只能根据论据本身的“相貌特征”来辨认了。例如，数据、图表、实例等“摆事实”的论据，以及科学定律、价值准则、专家意见等“讲道理”的论据，其本身往往带有某些独有的相貌特征，凭借这些特征，即使没有标志词，也能把它们准确地识别出来。

对于论证的识别来说，比较麻烦的当属发现或补充推理过程中隐含的前提。这一工作与其说是逻辑的，还不如说是艺术的，因为它不存在普遍有效的机械方法，需具体问题具体分析。例如，“不要让孩子输在起跑线上”这个风靡一时的口号乍看是挺有道理的——起跑就输了，最后的结果可想而知。然而，从论证的角度看，这个口号是有问题的，它是基于以下前提推导出来的：人生是一场百米短跑（只有短跑才强调起跑），这显然是一个错误的假设。事实上，人们更倾向于把人生比作一场马拉松似的长跑。但是，由于这个虚假的前提被省略了，人们因此辨不清“不要让孩子输在起跑线上”这个口号的真伪，从而导致盲目附和。必须承认，挖出隐含的前提并非易事，必须下一番思考的功夫。正因为如此，很多学者认为，善于发现论证中隐含的前提并讨论它们的合理性，是思想家的一门绝技，这是导致他们思想睿智、深刻的一个重要原因。

当我们找到了文章或段落的论点、论据以及隐含的前提等要素的时候，我们实际上就完成了论证的重构，也就是将原有论证标准化了。这时候，我们就有可能看出前提与结论之间的逻辑关系，从而辨识出该论证的推理形式或论证方式。至此，识别论证宣告完成。

（四）区分好论证和坏论证

识别论证是为了评估论证，评估论证即鉴别论证的好坏，它是批判性思维的灵魂和精髓。论证有好坏优劣之分，这是由论证本身的特点决定的。如前所述，论证由论题、论据和论证方式所组成。在日常思维甚至科学研究中，这其中的每一个环节都有可能出现这样或那样的问题。例如，论题是否清楚明白、是否含有歧义，前提和隐含的前提是否真实，前提和结论之间是否存在逻辑关系，等等，这些都是鉴别论证的好坏所必须考虑的。

为了使论证具有说服力，传统形式逻辑曾给出过五条“论证的规则”，它们是：论题应当清楚明白；论题应当始终保持同一；论据应当是已知为真的命题；论据的真实性不应依赖论题的真实性；论据必须能正确地推出论题等。这些规则涵盖了论证的各个方面，不能说不全面，但对于论证的评估而言，仅有这些规则是不够的。美国学者尼尔·布朗和斯图尔特·基利在他们的畅销书《学会提问》中，把批判性思维需要考虑的问题概括为以下十个方面：①论题和结论是什么；②理由是什么；③哪些语词意思不明确；④什么是价值观假设和描述性假设；⑤推理过程中有没有谬误；⑥证据的效力如何；⑦有没有替代的原因；⑧数据有没有欺骗性；⑨有什么重要信息被省略了；⑩能推出哪些合理的结论；等等。[1] 其中，问题①②④属于论证的识别，其他则与论证的评估有关。

有了这些规则，就可以对论证进行评估了。仍以上述“人到中年不交五友”为例。通过论证的识别过程，已经明确了该论证的论题、论据以及论证方式。其中，论题“不与富豪交”是清楚明白的，也没有歧义；论证方式是演绎论证，使用的是充分条件假言推理的否定后件式，是有效推理，这也没问题。关键是论据——如果我与富豪交，我就会变穷。一个积极的思考者或一个具有批判性思维特质的人，必定会问：这个充分条件假言命题是真实的吗？也就是说，“与富豪交”与“变穷”之间果真存在因果关系吗？从哲学上讲，因果关系乃是引起和被引起的关系，就像摩擦引起生热一样，这里的前因后果是客观的，不以人的意志为转移的。而“与富豪交”就“变穷”，这其中的关联显然是主观的，是心理上的，没有客观性可言。不同的人面对富豪的心理感受肯定是不一样的，心态好、精神生活充实的人，面对富豪奢靡的物质生活，未必会感到自卑，因而也不会感到自己变穷了。既然“与富豪交”与“变穷”之间不存在客观的因果关系，那么它们就构不成充分条件假言命题，也就是说，这是一个虚假的前提。一个包含虚假前提的论证，自然不是好论证了。至此，应怎样对待“人到中年不交五友”这一说法，就有了自己的判断而不会人云亦云了。这便是评估论证的基本思路，也是批判性思维的核心环节。

必须指出，对于论证的评估而言，重要的不是判定其结论本身是否“正确”，而是洞察得出结论的过程是否经得起推敲。作为一种纯度极高的理性活动，批判性思维最关心和最敏感的东西是“合理”，它把“合乎理性”当成它的最高准则，它可以不管你的结论本身是什么，哪怕是反叛的甚至怪诞的都无关紧要，但一定不会放过你的论证过程。批判性思维的核心任务就是审查论证过程的每一个环节，包括微观层面的概念、中观层面的命题（理由）和宏观层面的推理等。通过全方位地扫描，批判性思维将给每一个传播信息、发表主张的论证开出独特的诊断书，并区分出好论证和坏论

---

① ［美］尼尔·布朗、斯图尔特·基利：《学会提问》，吴礼敬译，机械工业出版社2013年版，第Ⅴ－Ⅺ页。

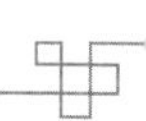

证。好论证是我们在决定相信什么和做什么时的理论根据，它是那种以清晰的概念、正当的理由、相关的推理等组织起来的论证。发现这样的论证也是批判性思维的内在要求。当我们以深思熟虑的态度，经过缜密思考发现某一理论至少在目前无懈可击时，我们欣然接受这一理论，这并非背离了批判性思维；相反，它是批判性思维正常运作的结果，它的意义不是发现谬误，而是收获真理。

通过上面的分析可以看出，批判性思维与怀疑或反思乃是一个问题的两个方面，它们难舍难分地纠缠在一起。在某种意义上说，批判精神就是怀疑精神。批判性思维坚信：在理性和逻辑面前，任何人及其思想都没有被质疑和批判的豁免权。

但是，怀疑不能理解为单纯地否定，它的实质是“延迟判断”，即对某个主张或断言不立即赞成也不立即反对，而是“想想再说”。这种谨慎的态度正是批判性思维的独有气质。“批判性”这个词有发现错误、查找弱点等否定性含义，但它同样有关注优点和长处的肯定性含义。事实上，“延迟判断”的后果，可能是对某一主张的否定，也可能是肯定，还有可能是对它的修正。总之，不草率、不盲从、不为感性和无事实根据的传闻所左右、尽量理解那些价值观和我们相左的分析推理方式、克服偏见对判断的影响、力争得出更合理更正确的结论，这就是批判性思维的精神实质。

第三节　类比、溯因与创造性思维

思维活动就其功能而言，可分为批判性思维（Critical Thinking）和创造性思维（Creative Thinking）两大类。前者的目的指向考察对象的现实情况，辨明问题；后者则偏重于构建新观念、创造新思想。在批判性思维中，演绎和归纳是其基本的工具手段；在创造性思维中，类比和溯因是其主要的逻辑形式。

一、类比推理

邵雍是北宋时期著名的易学家，他在研究易学的过程中，发明了一套灵活多样的起卦法：梅花易数。利用这套方法，他曾根据邻居来借东西时敲门的次数起卦，预测出他要借的是斧子；他又根据两只麻雀争枝坠地起卦，预测出第二天会有女子来折花，因被园丁追赶而摔伤腿；等等。据说这些预测都应验了。且不说应验是否为真，单凭其独特的思维方式，也能撩起人的好奇心，让人产生探究一番的冲动。

其实，从思维方式的角度看，周易预测的机理并不神秘。如果把起卦的过程看作建模的过程（八卦和六十四卦就是模型），把解卦的过程看成将模型中的信息外推到原型的过程，那么，周易预测的方法大致可以归结为模型方法。根据现代科学方法论，模型方法是以类比推理为基础的。因此，如果说周易预测中蕴含着逻辑，那么这种逻辑主要不是演绎和归纳，而是类比或“推类”。①

确认这一点并不困难，因为《易经》预测的一个最基本的前提同时也是最显著的特点，就是在“天人合一”观念的支配下，把自然界的事物及其运动特征和社会中的事物及其运动特征看成同类。既然是同类，就可以同类相推，就可以根据同类中两个或两类对象在一系列属性上相同或相似，推出它们在其他属性上也相同或相似。这种不同于演绎和归纳的推理，正是形式逻辑中的类比推理，把它概括成一般形式则是：

A 对象具有属性 a、b、c、d，
B 对象具有属性 a、b、c，
所以，B 对象也具有属性 d。

《易经》中使用的类比推理当然有其自身的特点，它与中国传统的思维方式——象思维联系在一起。因此，那是一个专门的研究领域，在此主要从形式逻辑的角度进行介绍。形式逻辑提到过很多类比推理的经典案例。例如，法国物理学家德布罗意在 1924 年提出著名的物质波假说，其思维过程就是一个类比推理。德布罗意在把物质粒子运动与光运动进行对比时发现，质点运动与光运动有相似之处，例如光的运动服从最短光程原理，即费尔玛原理，质点的运动则服从最小作用量原理，即莫泊丢原理。这两条原理具有相似的数学形式，由此他得到启发：光和物质粒子可能具有共同的属性。当时，光的波粒二象性已得到确认，他由此想到，物质粒子是否也具有波粒二象性？即除了人们熟知的粒子性之外，物质粒子是否还存在波动性？他大胆

① 参见吴克峰《易学逻辑研究》，人民出版社 2005 年版，第 62 页。

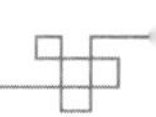

提出物质波的假说，并根据光的波长与光量子的动量之间的关系，推出物质粒子的波长与动量之间也有类似的关系，提出了著名的德布罗意物质波公式。1927 年，两位美国科学家通过实验验证了德布罗意的假说。类比法在此“获得了绝对成功”。①

（一）类比推理的特点

一般说来，类比推理具有以下特点。

1. 类比推理不是必然性推理

类比推理的结论所作的断定超出了其前提断定的范围，因而结论是或然的。正是在这个意义上，可以把类比推理看成广义的归纳推理。

2. 类比推理的使用范围极广

人们既可以在两个不同的个体事物之间进行类比，如地球与火星；也可以在两个不同的事物类之间进行类比，如自然界和人类社会；还可以在某类的个体与另一事物类之间进行类比，如作为实验对象的某只猴子与人类。

3. 类比推理的结论受前提制约程度较低

类比推理的前提大多是为结论提供线索，但并未严格地规定或限制它的指向，它往往能把人的认识从一个领域引向另一个领域，其应用具有极大的灵活性和创造性，对科学发现和技术发明，具有特别重要的方法论意义。

由于类比推理是或然性推理，在使用的过程中要尽量提高其结论的可靠性，为此必须注意以下两点：

第一，前提中确认的相同属性越多，结论的可靠性程度也就越高。因为两个对象的相同属性越多，意味着它们的类别就越接近。这样，类推的属性就有较大的可能是两个对象共有的。不过，当相同属性过多时，进行类比的意义和价值也就越小了。

第二，前提中确认的相同属性越是本质的，相同属性与类推属性之间越是相关的，那么结论的可靠性就越大。相反，如果仅仅根据对象表面上的某些相同或相似，就推出它们另外某一情况也相同或相似，就容易犯“机械类比”或“荒唐类比”的错误。例如，由猴子和猪都有眼、耳、鼻、口，它们都吃食和都睡觉等，而且猴子有较高的智能，推出猪也有较高的智能，这就是典型的机械类比。

---

① ［德］格·克劳斯：《形式逻辑导论》，金培文、康宏逵译，上海译文出版社 1981 年版，第 446～447 页。

（二）类比推理的作用

类比推理的结论虽然具有或然性，但它在人们认识世界和改造世界的活动中具有非常重要的作用。

1. 类比推理是理论创新和技术发明的重要方法

科学史上许多重要理论的提出，最初往往是通过类比推理受到启发的。上述德布罗意的物质波理论是其中的一例。类似的还有：惠更斯把光同声作类比，从声的波动现象发展出光的波动假说；盖尔曼和茨威格将夸克与磁极作类比，提出了夸克假说；达尔文把自然界和人类社会作类比，提出了“自然选择”理论；此外，哈维的血液循环理论、魏格纳的大陆漂移说，以及气体的分子运动理论，等等，都是在类比的基础上形成的。在科学发现的问题上，很多人强调直觉和灵感的作用，其实直觉和灵感的出现，往往是靠类比推理触发的。阿基米德经过苦思冥想之后，在洗澡时看到从澡盆溢出的水触发灵感，终于想到了鉴定皇冠的办法并发现浮体定律，就是通过人体与皇冠之间的类比而领悟到的。

理论创新离不开类比推理，技术发明也不例外。现代仿生学的建立就是以类比推理为基础的。生物在漫长的进化过程中，经过长期的生存竞争和自然选择，形成了结构合理、功能完善的各种系统，模拟这些系统的结构和功能，往往能发明出新产品。例如，蜻蜓的翅痣有消振功能，由此启发科学家在飞机的机翼上也设计类似的加厚区或配重，可以有效地消除颤振；根据蛙眼设计出“电子蛙眼”，能跟踪天上的卫星或监视空中的飞机、导弹；“电子鸽眼”能再现鸽眼识别定向运动的特殊功能；“水母耳”能模仿海蜇接收次声波的特殊功能，以预报风暴；等等，类似的例子不胜枚举。总之，仿生学在现代科学技术的发展中起着越来越重要的作用。

2. 类比推理是理论辩护和科学说明的有力工具

哥白尼的“地动说”曾遭到托勒密学派天文学家的反对，反对的理由主要是所谓“塔的证据”。既然地球绕轴自转，那么从塔顶落下的石头到达地面的时候，因塔已经离开了原来的位置，那么石头应该落在离塔较远的地方，但事实并非如此——石头总是落在塔基下面。伽利略指出，这一现象不能成为反对“地动说”的理由，因为从一艘匀速航行的船的桅杆顶上落下的重物，总是落在桅杆脚下而不是落在船尾。伽利略的这一类比为“地动说”提供了有力的辩护。

除了给理论提供辩护外，类比推理还可以为某一现象提供说明。例如，受“大宇宙与小宇宙相似”的启发，通过将太阳系与原子内部结构进行类比，卢瑟福成功地解释了原子的运行模式。又如，设想向一个上面涂满了小圆点的气球吹气，气球慢慢胀大，各点间的距离就会增大。这时，呆在任何一点上的一只蚂蚁就会发现其他所有各点都在“逃离”它所在的这个点，而且各圆点的退行速度都是与它们和蚂蚁之间的距离成正比的。用这个类比推理可以形象地解释天文学家观察到的“光谱红移”和宇宙膨胀现象。①

3. 类比推理是模拟实验和模型方法的逻辑基础

在当代，随着科学技术的飞速发展，人们越来越多地采用模拟试验和模型方法来从事自然科学和工程技术的研究。所谓模型方法，是指不直接研究现实世界中的原型客体，而是通过设计一种与被研究客体相似的替代物即模型，然后通过对模型的研究将信息外推到原型的研究方法。这种方法所遵循的逻辑就是类比推理。

模型有很多种，主要有实物模型、图像模型、逻辑模型、功能模型等。今天，“模型”“建模”等早已成为科学领域的热门词汇，人们频繁地使用这些词汇表达对复杂对象的理论诉求，可以说，在很多领域，不懂得模型方法，就无法开展科学研究，更无法走到学科前沿。令人颇感意外的是，这种方法早在2000多年前的《易经》中已经开始使用了。不过，《易经》的模型系统对今天的人类来说太独特了，需要进行专门的研究方能揭开它的神秘面纱。

二、溯因推理

福尔摩斯曾在《血字的研究》中解释他第一次见到华生医生时一眼就看出他是从阿富汗来的：“我的推理过程是这样的：‘这位先生有着医务工作者的气质，但是身形动作像个军人，那么他应该是个军医。他大概刚从热带地区回来，因为他的脸比较黝黑，可是他手腕处的皮肤黑白分明，说明他原来前不黑，那就一定是晒出来的。他面容憔悴，说明他是大病初愈。他的左臂受过伤，因为现在的动作看起来还有些僵硬不自然。那么从整体来看，一个英国军医在热带地方历尽艰苦，臂部还受过伤，这是什么地方呢？当然

① 参见［美］G. 伽莫夫《从一到无穷大》，暴永宁译，科学出版社2002年版，第277页。

只能是阿富汗了。'"①

福尔摩斯是一位推理天才，这是众所周知的。那么他得出华生"是从阿富汗来的"这一结论，使用的是什么样的推理呢？不妨把他的推理过程整理如下：从"有着医务工作者的气质"和"身形动作像个军人"推出"他是个军医"；从"他的脸色比较黝黑"和"他手腕外的皮肤黑白分明"推出"他刚从热带地区回来"；从"他面容憔悴"推出"大病初愈"；从"（左臂）动作看起来有些僵硬不自然"推出"他左臂受过伤"；总之，从"一个英国的军医在热带地方历尽艰辛，并且臂部受过伤"推出"他是从阿富汗来的"。

显然，这些推理不能归结为演绎推理，也不能归结为归纳推理，它们属于演绎与归纳之外的第三种推理——溯因推理。所谓溯因推理，是指从已知事实即结果出发，借助相关知识去追溯导致结果的原因的推理方法。这种推理早在古希腊时期就提出来了，但一直被当作另类推理不受重视，长期排除在逻辑研究的范围之外。美国哲学家皮尔士（C. S. Peirce）是最早对这种推理作出说明的现代人，他在《推理的类型》一文中讨论了三种不同类型的推理：演绎、归纳与溯因，从而明确了溯因推理的逻辑地位。到了20世纪60年代，美国哲学家汉森（N. R. Hanson）发展了皮尔士的观点，他在《发现的模式》一书中，以开普勒发现行星椭圆形运行轨道的推理过程为例，全面阐述了皮尔士的溯因推理并把它称为"科学发现的逻辑"。汉森对溯因推理作了如下表述：

（1）一些意外的令人吃惊的现象 P_1，P_2，P_3……被观察到；
（2）找到一个假说 H，它能对 P_1，P_2，P_3……的原因作出解释；
（3）因此有理由认为 H 是真的。

汉森的表述可进一步简化为如下标准形式：

E
如果 H，那么 E
所以，H

① ［美］阿瑟·柯南道尔著：《福尔摩斯探案故事集·血字的研究》，庄天赐译，新世界出版社2012年版，第34～35页。

上式中，“E”表示已观察到的结果（如“他面容憔悴”），“H”表示猜测到的原因（如“他久病初愈而又历尽艰苦”），“如果H，那么E”表示原因和结果之间的充分条件关系，它是推理者已经掌握的一般性知识或经验（如“如果一个人久病初愈而又历尽艰苦，那么他就会显得面容憔悴”）。不难看出，溯因推理与充分条件假言推理的肯定后件式具有逻辑同构性。由于肯定后件式属无效推理，因而溯因推理也就只能归并到或然性推理的行列了。与类比推理一样，它也可以看成广义的归纳推理。

溯因推理的或然性特征是容易理解的。溯因推理以现象间的因果关系为基础（有果必有因），而因果关系是复杂的，有一因一果的关系，也有多因一果的情况。因此，从结果回溯原因，很大程度上是一种猜想，它与个体的知识、经验等主观因素联系在一起，不可避免地带有主观性和可错性。例如福尔摩斯从“他面容憔悴”推测“他久病初愈而又历尽艰苦”，这可能是正确的，也可能是错误的。因为造成面容憔悴的原因还有很多种，例如营养不良、睡眠不好等。

可以通过下面两个途径来提高溯因推理结论的可靠性：

第一，尽可能多地猜测引起结果的各种可能的原因。这是找到正确答案的最有效的办法，其实质就是试错法的运用。开普勒在整理第谷留下的大量观测资料时，面对第谷严谨的观测资料与已有理论之间的“裂痕”，他做了很多尝试。他首先提出太阳绕地球转的假说，发现与资料不符；接着又假定火星绕太阳做圆周运动，还是与资料不符；最后他假设火星绕太阳做椭圆运动，终于获得了成功。

第二，要善于利用背景信息来筛选和淘汰不合理的备选假说。在“邻夜叩门借物占”的例子中，邵雍和他儿子都通过卦象看出，来人要借的是“金木合成的东西”。邵雍的儿子据此判断来人要借锄头，而邵雍则认为是借斧子。后来证明邵雍是正确的。儿子问其原因，邵雍回答说，从卦象上看，“金木合成的东西”，可以解释为锄头，也可以解释为斧子；但从情理上看，傍晚怎么会用锄头呢？一定是借斧子劈柴。[①] 邵雍的回答从解卦的角度看只是“经验之谈”，但从哲学的角度看却具有普遍的方法论意义。这种方法论已被提炼成一种推理形式，这就是最佳说明的推理（Inference to the Best Explanation，IBE），它是英国学者利普顿（P. Lipton）在《最佳说明的

① 参见邵雍《梅花易数白话解》，山东人民出版社1993年版，第21页。

推理》[①] 一书中阐述的一种新型的推理形式。

最佳说明的推理（IBE）与溯因推理具有很近的亲缘关系。从形式上看，只要在溯因推理的公式中增加“没有其他假说像H一样好地说明E”这个项，溯因推理就成了最佳说明的推理。写成公式是：

E
如果H，那么E
没有其他假说像H一样好地说明E
所以，H

上式中，E是事实、观察等数据的集合，H是能说明E的一系列假说中的一个，如果H为真，它将是对证据E的最佳说明。在这里，基本思路是从E推出（猜想）H，即从结果追溯原因，这一点与溯因推理相同，所以最佳说明的推理也可以看成溯因推理——是改进和精致化了的溯因推理。但是，溯因推理仅仅是一种“推理”，而最佳说明的推理则牵涉“说明”和“推理”两个方面，它的独特之处是依据说明的优劣来进行推理。也就是说，它之所以从E推出H而不是别的，是因为H能对E作出比其他假说更好的说明，即说明上述的考虑是推理的指导，推理的合理性就在于它的最佳说明性。在上述例子中，邵雍根据“金木合成的东西”这个卦象，推测来人要借的是斧子而不是锄头，实际上是用了最佳说明的推理。其实，从逻辑的角度看，《易经》预测的过程，很大程度上就是在类比这个大思路的基础上、根据背景信息“寻求最佳说明”的推理过程。

能够给证据以最佳的说明和解释，并不意味着就找到了真理。事实上，无论是溯因推理还是最佳说明的推理，都只是一种猜想，很大程度上都是试错的过程。H并不一定就是E的真正原因，存在着这种可能：E是由别的原因引起的，但那个原因隐藏得太深或被别的现象遮蔽了，暂时未能发现，恰好H与E有某种表面的关联（例如在时间上先后相继并反复多次），于是，H就被错误地当成了E的原因，因此，H作为一种假说还需要做进一步的检验。检验H的方式通常是这样的：先假定H为真，然后从H演绎地推出一个结论I，I是可检验的。经过检验，如果发现I是真的，那么H的真实性就得到了某种支持。例如，福尔摩斯根据华生“左臂动作看起来还有些

① 该书2007年由上海科技教育出版社出版中译本，郭贵春、王航赞译。

僵硬不便”推测“他左臂受过伤”，这一结论是否正确呢？可以这样来检验：假定“他左臂受过伤”是真的，那么依此可以推出如下可检验的结论：他左臂上有伤疤。如果观察发现他左臂上确实有伤疤，那么假说“他左臂受过伤”就得到了检验或支持。

溯因推理虽不是必然性推理，但它的价值是不容低估的。无论是日常生活还是科学研究，溯因推理都是我们“问道解惑”的必要工具，离开了这个工具，我们就会像阿米巴菌那样和错误一起死亡，而不是在克服错误中不断前进。溯因推理的这种开放性、灵活性和创造性特征，在科学研究中表现得尤为突出。众所周知，归纳和演绎是有固定程式的，只有满足了相关条件或格式，归纳和演绎才有可能。而溯因推理则不然，它在很大程度上是一种自由猜想。当我们面对的是这样一类已知事实时，唯有溯因法才能适用：这类事实是新出现的（例如黑体辐射问题），它们不仅数量少，不能充当归纳的前提，而且也不能用现有的理论来解释，因而也暂时缺乏真正有效的演绎前提。在这种情况下，修改现有的理论使之适应新事实固然是一个不错的办法，但如果新事实足够“奇特”以至于改良的办法也不能奏效，那就只有一条路可走了——撇开旧理论，提出新假说。量子理论的诞生就是一个典型的例子。当初，作为一个全新的现象，“量子”这个概念显然不可能从旧理论中演绎得出，同时也不可能从经验事实中归纳得出，它源自对黑体辐射问题的研究。1900 年，德国物理学家普朗克（M. Plank）拼凑出一个公式，与实验相吻合，但缺乏理论依据，因此，他就面临着如何对这个经验公式作出合理解释的问题。为了解决这一问题，他实际上是采用了溯因法，终于发现只要假定能量的辐射是不连续的，就能对黑体辐射问题给出合理的解释，这样，他就提出了与旧理论不相容的新概念：作用量子。这个概念后来被爱因斯坦用来解释光电效应，获得了成功。爱因斯坦在这里也用了溯因法。光电效应是 19 世纪末被发现的一个实验事实，它也同样无法用旧理论来解释，因而追溯其原因只能突破旧的理论框架，采用新的理论概念。1905 年，爱因斯坦进一步发展了普朗克的量子假说，又提出了“光子”的概念。[①]

利用溯因推理导致了量子力学的诞生，其威力在此可见一斑。当代科学哲学家辛迪卡说：“可以说最重要的哲学天赋是发明哲学问题。如果确实如此，皮尔士就是哲学天空中的一颗巨星。他将溯因概念推向哲学家意识的前

---

① 参见周林东《科学哲学》，复旦大学出版社 2005 年版，第 134 页。

沿，从而创立了这样一个问题——我将会论证——它处于当代认识论的核心。”①

三、创造性思维

1895年，16岁的爱因斯坦无意中想到：如果一个人以光速追随一条光线运动，他看到的“光”会是什么样子呢？根据经典力学的速度合成原理，既然他以光速运动，他看到的光就应该是一个在空间里振荡着却停滞不前的电磁场；但根据电动力学的麦克斯韦方程，既然光的传播速度与光源的运动速度无关（即光速是不变的），他看到的光就应该还是以光速运行的电磁场。这就出现了悖论：一个以相同速度随光运动的观察者所看到的，既应当是停滞不前的电磁场，又应当是以光速传播的电磁场。

爱因斯坦在中学时代发现的这个“追光”悖论，正是他于1905年发表的狭义相对论思想的萌芽，从萌芽到成熟，刚好10年时间。在这段时间里，爱因斯坦经历了从中学生到大学生、又从大学生到公司职员的转变，但是，“追光”悖论始终占据着他的头脑，并强烈地刺激着他的神经，他着迷一般地思考着这个问题。1900年前后，他用了约一年的时间，尝试着在传统观念的框架（承认以太）内，通过修改洛伦兹的理论来解决这个难题，但最终一无所获。1902—1905年期间，他带着这个问题进行了大量阅读，同时参与各种讨论，熟悉了当时物理学前沿的情况，并熟悉了休谟、马赫、彭加勒等人的哲学思想，这为他进一步深入思考准备了思想资源。

究竟是什么原因导致了光速不变与速度合成之间的矛盾呢？爱因斯坦苦苦地思索着这个折磨他的难题。有一天，他带着问题去拜访他的朋友米歇尔·贝索（Michele Besso），他们讨论了这个问题的各个方面，仍然未能找到解决的办法。然而，就在爱因斯坦拜访贝索的第二天早晨起床时，答案突然出现了，“找到了问题的关键”，办法是分析时间这个概念。时间不能绝对定义，时间和信号速度之间有着不可分割的联系，由此引出的一个崭新结论是：同时性不是绝对的而是相对的。对于静止的观察者来说是同时的两个事件，对于运动的观察者来说就未必是同时的。正是以“同时性的相对性”为突破口，爱因斯坦建立了全新的时间和空间理论，并在新的时空理论基础上给动体的电动力学以完整的形式。至此，以太概念不再是必要的了，以太漂移问

① 转引自任晓明等编《归纳逻辑教程》，南开大学出版社2012年版，第72页。

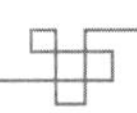

题也因此不复存在。

五个星期以后，爱因斯坦的论文写成了。经过逻辑加工，他创造性地把“相对性原理”这个猜想“提升为公设”，并且“还要引进另一条在表面上看来同它不相容的公设：光在空虚空间里是以一确定的速度 V 传播着，这速度同发射体的运动状态无关”。[①] 根据这两个基本公设，爱因斯坦又推导出了一系列具体的、可供检验的结论，这些结论共同构成了狭义相对论的基本内容。之后，这些结论一一被实验所验证，狭义相对论从此成为现代科学最重要的理论基础之一。

作为一种划时代的理论，相对论的创立无疑是创造性思维的结果。创造性思维和批判性思维可以看作相互联系又相互区别的两种思维方式。说它们相互联系，是因为批判性思维中也有创造性特征，创造性思维中也有批判性功能，二者相互渗透。说它们相互区别，是因为二者的侧重点有所不同的，批判性思维侧重于对已有信念的审查和评估，以“破”为主导；创造性思维则偏重于对未知现象的探求和认知，以“立”为目的。侧重点的不同，决定了创造性思维和批判性思维一样，也有着自身特有的规定性，可以从不同的角度来考察这种规定性。从过程的角度看，创造性思维一般包括三个阶段：准备阶段，即问题的提出阶段；酝酿阶段，即问题的求解阶段；豁朗阶段，即问题的突破阶段，这三个阶段，实际上就是晚清学者王国维用诗歌语言描述的“治学三境界”。

王国维（1877—1927）在《人间词话》中说：古今之成大事业、大学问者，必经过三种之境界：“昨夜西风凋碧树，独上高楼，望尽天涯路”，此第一境也；“衣带渐宽终不悔，为伊消得人憔悴”，此第二境也；“众里寻他千百度，蓦然回首，那人却在，灯火阑珊处”，此第三境也。撇开诗歌的本来意义，仅从隐喻的角度看，所谓第一境界，是指做学问成大事业者，首先要明确目标与方向，要立志高远，要看到远方看到天尽头，看到别人看不到的地方；所谓第二境界，是指做学问成大事业不是轻而易举的，必须经过一番辛勤劳动，废寝忘食，孜孜以求，像渴望恋人那样，人瘦衣带宽也在所不惜；所谓第三境界，是指只有在刻苦钻研、执着追求的基础上，才能功到自然成，一朝顿悟，发前人所未发之秘，辟前人所未辟之境。

爱因斯坦创立狭义相对论的过程正是这三种境界的生动写照。从 16 岁

---

① ［美］爱因斯坦：《爱因斯坦文集》第 2 卷，许良英等编译，商务印书馆 1977 年版，第 84 页。

朦胧地直觉到“追光”悖论到系统学习之后提出清晰的问题——为什么光速不变与速度合成之间会出现矛盾，是“第一境界”，也就是准备阶段。明确问题之后的长期思考和探索，特别是通过修改洛伦兹理论尝试着解决问题，以及带着问题和朋友进行讨论等一系列过程，是“第二境界”，也就是酝酿阶段。从朋友家讨论回来之后的第二天早晨，突然“找到了问题的关键”，思路一下子清晰，发现了“同时性的相对性”这个突破口，问题最终得到解决，是“第三境界”，也就是豁然开朗阶段。

把爱因斯坦创立相对论的思维过程概括为三个阶段或三种境界是必要的，但又是不够的，因为还存在下述问题：爱因斯坦是如何提出问题并最终解决问题的？为什么偏偏是爱因斯坦而不是别人提出并解决了这个问题？提出问题以及找到解决问题的突破口，这里有逻辑的通道吗？显然，这才是问题的关键。对于最后一个问题，学术界的看法是统一的：提出问题以及找到解决问题的突破口，没有逻辑的通道，只能靠非逻辑的方法来解决。所谓非逻辑的方法，主要是指直觉、灵感和顿悟等思维形式，它们属于心理学的范畴。如果要问爱因斯坦为什么能提出如此深奥的问题，回答只能是：直觉起了决定性的作用。如果要问为什么偏偏是爱因斯坦而不是别人提出并解决了这个问题，最好的回答可能是：爱因斯坦具有比别人更加优越的直觉。对此，爱因斯坦本人也有过很多表述，他说：“真正可贵的因素是直觉。”① 他还说：“物理学家的最高使命是要得到那些普遍的基本定律，由此世界体系就能用单纯的演绎法建立起来。要通向那些定律，并没有逻辑的道路，只有通过那种对经验的共鸣的理解为依据的直觉，才能得到这些定律。”②

作为非逻辑思维的不同表现，直觉、灵感和顿悟是相互伴随、密不可分的，因此，将它们放在一起讨论是合适的。一般认为，直觉思维是指越过逻辑分析步骤而直接领悟事物本质的心理过程，它是人们经常使用的一种思维方式。小孩亲近或疏远一个人凭的是直觉；男女“一见钟情”凭的是各自的直觉；军事将领在紧急情况下，下达命令首先凭直觉；足球运动员临门一脚，更是毫无思考的余地，只能凭直觉。直觉思维具有表现的突发性、结构的跳跃性、结论的或然性以及主体的坚信感等特点，借助直觉，可以实现快速判断、类比联想和本质洞察。直觉思维并非不讲逻辑，它是对逻辑过程的

① ［美］爱因斯坦：《爱因斯坦文集》第1卷，许良英等编译，商务印书馆1976年版，第284页。

② 同上书，第102页。

压缩。可以把直觉分成两类，一类是欧几里得式的直觉，即在经验的基础上借助想象直接提出公理、定律和假说的过程。爱因斯坦通过思想实验发现“追光”悖论的过程就是这种类型。另一种是阿基米德式的直觉，它是在苦思冥想之后，以瞬间的方式在大脑中闪现出新思想的过程。爱因斯坦发现“同时性的相对性”这个突破口的过程就是这种类型。不难看出，第二种类型的直觉实际上就是灵感或顿悟。

灵感或顿悟是人类创造心理处于激发状态的表现，是由于长期思考而突然悟出答案或产生创造性思路的过程。科学史和艺术史记载了许多这样的案例。奥地利作曲家舒伯特偶然走进一家小酒店，随手翻阅桌上的《莎士比亚诗集》，突然叫道：“旋律出来了”，并顺手把它们疾书在菜单的背面；法国物理学家安培在傍晚外出散步时突然领悟到一道算题的解法，情急之中错把前面行驶的一辆黑色马车的背面当作“黑板”演算起来。对于创造者来说，灵感是一种十分宝贵的心理因素，但遗憾的是，灵感这种东西往往是可遇而不可求的，人类至今还不能实现对灵感状态的有意识控制，灵感的触发往往发生在紧张思考之余的短暂休息时间里，例如散步、沐浴、闲谈、听音乐、阅读闲书、上床睡觉等，它来得快去得也快。尽管如此，灵感的出现还是有迹可循的，一般来说，需要满足以下条件才有可能触发灵感：第一，作为前提条件，科学家必须对所研究的问题作了长期艰苦的探索，对问题的一切方面都反复考虑过，而且都了如指掌。第二，作为行为条件，科学家必须为解决问题而穷思竭虑以至于达到“忘我”的境界，在行为上表现得像一个患有“自我丧失感”的人。第三，作为心理条件，科学家必须在紧张之余稍有松弛。暂时的休闲状态往往成为激发灵感的一个触机。拉普拉斯曾经介绍过他的一种心理经验：对于非常复杂的问题，搁置几天不去想它，一旦重新拣起来，你就会发现它突然变得容易了。①

厘清了直觉、灵感与顿悟，还只是完成了创造性思维的现象学描述，并未触及它的本质。创造性思维的本质是什么，目前并不十分清楚，它是心理学等具体科学的研究课题。一百多年来，心理学家和认知科学家一直在艰难地探索着这个课题，但由于创造性思维的极端复杂性，要揭示它的深层本质，仍然还有很长的路要走。

---

① 参见周林东《科学哲学》，复旦大学出版社 2005 年版，第 138 页。

问题讨论

科学发现到底有没有逻辑①

自从近代科学产生以来，科学、技术均以神奇的速度向前发展，并对客观世界的改造产生愈来愈巨大的威力。人们崇尚科学技术，把知识视为力量，同时对那些在科学技术上作出巨大贡献的科学家、技术家肃然起敬。伴随着人类对科学技术理解程序的不断深化，哲学家也在反思：那一个个伟大的发现、发明是怎样问世的？科学发现有无规律可循？

一、围绕科学发现逻辑的历史争论

围绕科学发现的逻辑这场大争论，在近代科学产生以来逐渐激烈，并分成了不同派系。这场争论大致分为两个时期：①19 世纪中叶以前的时期；②19 世纪中叶以后的时期。第一个时期的特征是科学家、哲学家普遍对科学发现抱乐观态度，确信科学发现有逻辑；第二个时期的特征则是对科学发现的悲观态度一度占了上风，否认科学发现有逻辑。

1. 科学发现有逻辑

19 世纪中叶以前的时期的争论焦点是，科学发现究竟是归纳主义的还是演绎主义的？不管是主张归纳主义的还是主张演绎主义的，都坚信科学是理性的事业，把科学发现看作一个逻辑的过程，认为逻辑就是理性。差别只在于，归纳主义认为这个过程是归纳逻辑过程，演绎主义认为这个过程是演绎逻辑过程。

追根溯源，最早研究这一问题的可以说是亚里士多德。亚里士多德将归纳与演绎相结合，明确提出了历史上第一个科学发现的逻辑模式。他认为通过直觉对感觉、经验、记忆进行归纳，提升出原始的直接前提，然后通过演绎对其溯因，从而得出解释性结论。他认为一系列演绎证明而构成的命题系统就是科学，但他也不忽视归纳，认为科学知识总要以普遍的、一般的形式出现，作为直接前提的科学知识要靠由特殊到普遍的直觉归纳。显然，亚里士多德科学发现的逻辑模式是包含归纳和演绎在内的综合模式，可称为归纳—演绎模式。

近代科学产生以后，尤其是十七八世纪，对科学发现的研究达到了全盛

① 吴宁《关于科学发现逻辑的历史争论及其解决路径》，《学术探索》2004 年第 12 期，本书引用时略有改动。

时期。培根和笛卡尔各抓住亚里士多德科学发现逻辑的一个方面并把它推向极端，从而将亚里士多德科学发现的逻辑分成了两个相互对立的观点。培根作为归纳主义科学发现逻辑的系统表述者，认为科学发现的逻辑是归纳而不是演绎，但与亚里士多德不同，培根强调归纳的目的在于探索事物的规律而不是简单地概括事实，培根的归纳程序是通过中间公理而逐级上升的程序，即开始在某些特定领域起作用的原因，后来又发现更基本的原因，用它们解释这些特定领域时会得到更为普遍的解释，这样逐步深入，得到的定律的确定性就会越来越高。

一方面，科学发现是知识增长的过程，演绎逻辑是论证知识的过程，归纳逻辑是扩展知识的过程，就这一点而言，归纳优于演绎。然而，另一方面，演绎能保证把前提中的真值传到结论上，但归纳则不能，在这一点上，演绎又优于归纳。笛卡尔则从另一个极端推进了科学发现的研究。由于笛卡尔精通自然科学的许多方面，他深知数学的重要性，尤其是几何的演绎证明方法给他深刻的印象，使他看到了理智的直观能力和演绎法在科学发现中的作用。笛卡尔的演绎主义发现模式存在的困难是，它无法回答人们是怎样认识到那些不证自明的公理的；无法回答演绎推导出来的结论为什么有时与经验事实完全吻合，有时又不一致；也无法回答为什么演绎法是科学发现的不可缺少的逻辑工具。演绎逻辑和归纳逻辑都各有自己的优势和难点，科学发现的逻辑的研究必须另辟蹊径。

2. 科学发现无逻辑

19 世纪中叶以后，自然科学的发展具有新的特点，这主要表现为：科学研究的方式已从以搜集材料为主转变为以理论概括为主，科学研究的领域已从宏观进入微观。微观客体的结构和变化规律既不可能从公理通过演绎得出，也不可能从经验材料通过归纳得到，只能是假设的方法。假设的方法是一种大胆的猜测，先根据有限的事实提出某种理论假说，然后通过实验观察加以检验与证明，一个理论能否提出，全靠科学家自身的直觉、灵感、精测、想象力和创造力等，并无严格的逻辑过程。这就造成了归纳主义和演绎主义的相对衰落、假设主义的相继兴起，并由此拉开了否认科学发现逻辑的序幕，赫舍尔、惠威尔、皮尔士、赖欣巴赫、波普尔、卡尔纳普、库恩、费耶阿本德、夏佩尔等人都加入了这一大合唱，科学家、哲学家在科学发现问题上的乐观态度终于由悲观态度所取代。

赫舍尔、惠威尔、皮尔士等切断了发现和证明之间的联系，从发现和证明的区分上否认存在科学发现的逻辑。他们把科学证明看作理性的、逻辑的，认为科学家依靠丰富的想象力，大胆提出猜测性假设而非按照某种逻辑规则，是能否作出科学发现的关键。正是由于科学家们预先设想了一些其真实性尚待证明的理论，才去进行新的实验和观测，导致新的科学发现。赖欣巴赫、卡尔纳普、波普尔将科学发现置于心理学和社会学的研究范围而回避科学发现的逻辑存在。赖欣巴赫把科学的发现看作“思维的心理操作”，是“相当含混而又捉摸不定的过程”。卡尔纳普也认为在发现理论时，直觉或天才的灵感这类缺乏理性的因素起着决定性的作用。波普尔认为科学发现仅仅是大胆的猜想，是源于兴趣、直觉、灵感和顿悟等非理性因素，而不是基于逻辑推理。他强调科学发现过程中的灵感、直觉，把猜测和反驳看作科学的本质，把证伪看作科学发展的主要手段，科学只能在对假设的不断反驳和证伪中来实现。但波普尔把假设最初的产生看作非理性因素或创造性的直觉、灵感和走运的猜测。继波普尔之后，库恩发展了这一思想，依据科学史案例把科学发现看作瞬间的心理体验而否定存在科学发现的逻辑，他认为不仅科学发现是非理性的，而且科学理论的检验和竞争也有非理性的因素，范式并无任何理性标准可言，它是科学共同体的信念，科学共同体的信念在科学革命中有决定性作用。费耶阿本德更进一步，他通过对一些科学史案例的分析，表明科学需要非理性因素来促进，他把直觉、灵感、顿悟、猜想、兴趣和潜意识等非理性的方法广泛地应用于科学研究领域，他断言，科学概念、范式的前提性条件中总是存在着非理性的文化背景。夏佩尔等从科学发现的过程分析说明中否认存在科学发现的逻辑，他认为科学发现并无规则的程序或算法，科学发现有个信息域，它是既有非理性的直觉猜测又有推理模式的复杂的创造性思维过程，如果存在科学发现的逻辑，那么科学发现就未免显得过于简单了，大多数人都能作出科学发现，科学发现就不会是异常艰辛的创造性活动了。

以上关于科学发现有无逻辑的争论都各有自己的理论优势和难点，科学发现的逻辑的研究必须走辩证综合的道路。

二、科学发现逻辑的可能性

在科学发现有无逻辑的争论是与对“科学发现”和“逻辑”两词的理解分不开的。

1. 科学发现的特点和含义

“发现”的英文和中文含义都使人误解科学中的“发现”。“发现”的英文（discover）含义是：一种揭开掩盖真相的遮布的行为。《辞海》对“发现”的解释是：“本有的事物或规律，经过探索、研究，才开始知道”，这两种解释是相通的，即“发现”是获得有关事物的新知识。但细究起来，这里的“发现”多指日常生活中的发现，“科学发现”却有其特点：第一，科学发现者必须找到以前从未被人知晓的新事物，不管它是一种实体、关系或理论。但日常生活的发现者只须找到一个仅对发现者未知的新事物。第二，科学发现必须在原则上是可检验的，然而日常生活的发现在原则上是可以不检验的。第三，科学发现的成果最终能被结合进科学知识体中而成为其中新的篇章或补充。

“科学发现”是科学认识主体根据新的科学事实在思维中建立科学新理论的过程，是一个既有量的准备酝酿阶段又有质的飞跃的综合认识过程。没有科学发现就没有科学的生命。氧气、细胞和产褥热病因的发现等科学史上科学发现的案例表明，科学发现很少是可以归之于某一个人、某一个时间、某一个地点的单一事件。其一，任何科学发现都有一个知识准备时期，离不开科学主体的背景知识。中子是查德威克而不是居里夫妇发现的，是因为卢瑟福实验室与居里夫妇镭学研究所的不同研究传统，查德威克已经有了中子可能存在的背景知识，而居里夫人不具备这种背景知识。其二，新的科学事实的发现还不是完整意义上的科学发现，这仅仅是科学发现的开始，新的科学事实并不是一下子就能理解透彻和解释清楚的。其三，任何科学发现都是一个思想酝酿和进化的过程，科学概念和理论的形成也是一个逐步积累和纯化的过程，并不是一下子就取得明确规定的，把科学史上的重大发现简单理解成直觉、灵感、顿悟、猜想等智慧火花的迸发是不恰当的。其四，科学发现和科学证明之间是相互联系、彼此渗透的，很难从时间上做机械的、绝对的区分。

2．科学发现逻辑的可能性

人们对“逻辑”也有各种各样的误解，逻辑实证主义者说的“逻辑”指形式逻辑，拉卡托斯、图尔明说的“逻辑”指理性或合理性，西蒙说的“逻辑”指算法或推理，劳丹把“逻辑”理解成满足“一套规则或原则的过程”，阿加西认为“理性、逻辑、算法三位一体”。随着计算机科学和信息科学的发展，我们不必把逻辑限定在形式的可演算性的狭小范围，形式逻辑需要非形式逻辑来补充，逻辑并不是机械的、一成不变的程序或算法，逻辑可以扩充到包含所有符号的使用和信息处理。我们研究科学发现的逻辑，就是要减少人们对它的神秘感，更好地理解科学发现的本质和过程，就是要探究那些深藏在整个科学创造过程中并支配科学发现的原则和规则，总结出科学发现的逻辑规律和一般模式，从而将这些规律和模式应用到相似问题的研究上，加速科学发现的进程，更有效地推动科学的发展。

我们认为，科学发现的逻辑是可能的，因为：其一，科学发现的逻辑并不一定是形式逻辑，还可能是辩证逻辑。不能把科学发现过程仅仅理解为符合形式逻辑推理原则的过程，因为若这样理解，我们就无法对以原有知识作背景、推出新知识的过程作出合理的解释。其二，科学发现的逻辑并不是机械的、一成不变的程序或算法，并不存在一劳永逸的科学发现的逻辑。这就好像对棋谱的研究，下棋时的情况是千变万化的，但人们根据经验，总结出了一些制胜的步骤，这就是棋谱，又可以称为下棋的逻辑。它只是一组规范理论，建议人们只要可能，便采取这样的策略，这对实现下棋的目标是有效的，但并不意味着采取这些步骤必然能将死对方。其三，科学发现主要是理性的、逻辑的，非理性因素是科学发现逻辑的一个环节。科学发现是理性的逻辑推理与非理性的思想跳跃交替的过程，二者是互补的、相互促进的。从经验事实到科学假说的提出以及概念、理论的形成，有时并没有必然的逻辑通路，即便有必然的逻辑通路，但仅靠逻辑是不够的，还要凭直觉去体悟或预见事物的本质和总体特征。在科学发现过程中，某些新概念的最初产生是依靠直觉，那么它的表述、修正和系统化就不能不依靠逻辑思维；在科学发现过程中，科学研究者的兴趣、意志、感情、信念等非理性因素在起作用，但科学毕竟是理性的事业，任何科学发现都有其社会背景和必然性。科学发现是潜意识和显意识相互作用的结果，而潜意识是显意识成果的积淀。直觉、灵感、顿悟、猜想等非理性方法是发现科学基本定律的整个认识过程中的一个环节，是科学发现的逻辑的一个环节。非理性因素在科学发现过程中起着类似催化剂的作用，但不应夸大科学发现过程中的非理性因素的作用，若因科学发现中含有非理性成分，就取消对其进行逻辑研究的可能性，势必会取消科学存在的合法性，科学家也就无异于赌徒。非理性也是有规律可循、合乎逻辑的，而且只能在逻辑的基础上才能发挥其作用。科学的本质在于根据事实、规律，合乎逻辑地运用非理性因素。其四，科学发现的逻辑与科学发现的创造性并不矛盾，没有创造性，就做不出科学的发现，没有创造性的逻辑，也就不是科学发现的逻辑。科学发现的过程是理性的、合乎逻辑的、有规律的，在极严格的条件下是可以重建的，但这和人人都可以作出发现是两码事，因为具体的发现过程是各种相关条件组成的复杂的统一体，究竟谁能作出发现，不仅取决于逻辑，还取决于科学工作者个人的个性品质（热爱和献身科学的精神、好奇心、兴趣和顽强的意志）、背景知识、心理因素、思维方式、社会因素等偶然因素。不同的科学工作者具有不同的个性

品质，就不可能机械地、千篇一律地应用那些合乎逻辑的内容，也就不可能都作出科学发现。

三、研究科学发现逻辑的意义

研究科学发现逻辑的意义是多方面的，不同专业、不同领域的人都能从自己的研究内容出发，从科学发现逻辑这块阵地上吸取对自己富有成效的思想。

1. 为科学工作者进行科学探索提供方法论

科学工作者的使命就是要不断发现新现象，创建新理论，更好地为实践服务，因而对科学发现过程及其规律的研究将有助于科学工作者了解以往科学家在什么问题上、何种背景下、哪些环节上采用哪些方法作出了科学发现，或者某些科学家由于什么原因而错过了发现的机会，从而为自己的科学实践提供借鉴。

2. 有助于认识论和科学史研究的深化

研究科学发现的逻辑势必涉及科学史上的一些发现案例，弄清科学工作者作出某项发现时是怎么想的，思维程序是什么，背景知识如何，发现后又是怎样一步步经受证明考验并最终被接受的，这些都是科学史要回答的问题，而且是科学史非常关键的部分。拉卡托斯指出："没有科学史的科学哲学是空洞的，没有科学哲学的科学史是盲目的。"库恩称这两者的关系为"跛子和瞎子"的互动。的确，科学史是科学哲学的经验素材，科学哲学要依据具体的科学发现案例，从科学家的成败得失中认识科学发现的内外环境、具体过程和方法论特色，才能真正发挥对具体科学的方法论作用。

3. 为年轻科学工作者培养创新能力

科学发现的逻辑表明，科学主体背景知识量的多少与质的高低，特别是洞察力、判断能力的大小对取得科学发现具有重大影响。因此，通过科学发现的逻辑的研究，对于初涉科学园地的年轻学者创造性思维能力的培养，无疑提供了最生动也最有启发意义的教科书。

第四章　科学技术与社会发展

在近代社会的曙光初露时，英国哲学家培根就喊出了那句人们耳熟能详的至理名言"知识就是力量"，在现代社会真正到来时，马克思则明确表达了"科学技术是生产力"的观点，这些都是在当今中国社会乃至整个世界上家喻户晓的"科学技术是第一生产力"这一观点的先声。在当代社会，科学技术的触角几乎伸向了社会的每一个角落，作为以自然科学的发展规律为己任的自然辩证法，理应对科学技术、对社会的影响保持自己的敏锐性。

第一节　科学技术推动人类物质文明的发展

物质文明是人类在改造自然界，从而改善自身生存条件的实践中所产生的积极成果，是人类整个文明的基础，而物质文明的任何一项成果，哪怕是最简单的石刀、石斧，无不是人类智慧的结晶，这种智慧可视为最早的科学技术。历史证明，人类物质文明的每一步发展都离不开科学技术的进步以及应用。人们常说，在现代社会，科学技术是（第一）生产力。其实，不但现代社会如此，古代社会亦大体如此。试想，离开了人类的智力活动，物质文明从何而来？所以，在人类物质文明发展的历史长河中，科学技术始终是一个基础的甚至核心的要素。那么，科学技术究竟是怎样推动物质文明发展的呢？

一、科学技术转化为生产力从而推动物质生产的发展

生产力的发展是一个社会的物质文明发展的基础，而在生产力的发展过程中，科学技术起到了基础性甚至关键性的作用。如果说，在近代文明兴起以前这一点尚不是十分明显的话，那么，近代文明产生以后，则几乎无人对

此再加以怀疑了，因为历史已经无可辩驳地证明了这一点。关于这个问题，马克思主义经典作家曾经有过精彩的论述。马克思和恩格斯在他们合著的《共产党宣言》中写道："资产阶级争得自己的阶级统治还不到一百年，它所创造的生产力却比过去世世代代总共造成的生产力还要多，还要大。自然力的征服，机器的采用，化学在工农业中的应用，轮船的行驶，铁路的通行，电报的往返，大陆一洲一洲的垦殖，河川的通航，仿佛用法术从地底下呼唤出来的人口，——试问在过去哪一个世纪能够料想到竟有这样大的生产力潜伏在社会劳动里面呢？"[①] 在研究了机器在大工业中的应用后马克思指出：以大规模使用机器为特征的近代生产方式的建立，"第一次使自然科学为直接的生产过程服务"，"第一次产生了只有用科学方法才能解决的实际问题"，从而"第一次把物质生产过程变成科学在生产中的应用"，同时也把科学变成"应用于生产的科学"，使科学"成为了生产过程的因素即所谓职能"。[②] 历史进入 20 世纪以后，由于科学与技术的日益相互促进（20 世纪以前，科学与技术的结合尚不十分紧密，双方各自的独立性都比较大。而 20 世纪以后，尤其是第二次世界大战后，科学技术的一体化进程加快，双方常常难分彼此），使科学技术在推动社会生产力发展过程中的作用更加明显。它渗透到生产力的整个结构中去，使构成生产力体系的三要素——劳动资料、劳动对象和劳动者都发生了根本性的变化，从而大大加快了生产力的发展。资料表明，在 20 世纪初，劳动生产率的提高只有 5%～20% 是依靠应用科学技术取得的，而到了 20 世纪 70 年代，这个比例就上升到了 60%～70%，在一些新兴的产业部门（如信息产业）甚至达到了 90% 以上（在这些产业中，已难以像在传统产业中那样将科学、技术和生产清楚地区分开来）。所以，根据这种重大的变化，邓小平认为，在现代社会，科学技术已经不仅仅是生产力了，而且是第一生产力。这一论断是完全符合实际情况的。

二、科学技术极大地改善了人类的劳动条件，提高了人类的生活质量和水平

人们常常说，艺术源于生活。其实，科学技术何尝不是如此。所以也有

---

① 《马克思恩格斯全集》第 4 卷，人民出版社 1968 年版，第 471 页。

② 马克思：《机器、自然力和科学的应用》，自然科学史研究所译，人民出版社 1978 年版，第 206 页。

人认为，一切科学都是生活的科学。事实的确是这样。无论是艺术，还是科学技术，或者哲学，总之，人类的一切文化活动以及所创造的成果，都源于人们的生活需要，是为了解决人们的生活问题而发展起来的。虽然自近代以来，科学技术已逐渐成为一种具有相对独立性的社会活动和知识体系，但这种独立性永远是相对的，它永远不可能脱离人类的社会生活而存在和发展。情况恰恰相反，今天的科学技术以比以往高得多的程度渗透到人类生活的方方面面，今天的人们比以往更加依赖科学技术，这种依赖的结果，是极大地改善了人类的劳动条件，提高了人类的生活质量和水平。这是因为："劳动首先是人和自然之间的过程"①。"劳动生产率是同自然条件相联系的"，这种自然条件，包括"人本身的自然"和"人的周围的自然"，后者又可分为"生活资料的自然富源"和"劳动资料的自然富源"。② 在文明发展的早期，人类主要是靠"本身的自然"直接从自然界获取"生活资料的自然富源"。随着文明的不断进步，人类越来越多地开发和利用"周围的自然"，把自然力和自然物引入生产过程，使用"劳动资料的自然富源"去获取更多的"生活资料的自然富源"。而人类所以能够做到这一点的关键，正是利用了科学技术这一强有力的手段。科学技术的进步大大增强了人对自然界的支配能力，使生产的发展在很大程度上摆脱了人类"本身的自然"对自身的限制：机器延伸了人的体力，电脑扩展了人的智力。而与此同时，随着科学技术在生产过程中的应用，日益丰富的物质产品被创造出来了，以以往难以想象的速度和规模提升着人们的消费水准，使过去只有帝王才能够享用的奢侈品变成今天人人可以消费的普通商品。而且，科学技术的进步还极大地拓展了人类的活动空间和交往方式，丰富了人类的生活内涵，提高了人类的健康水平，延长了人类的寿命，从而为人类满足自身的需要与实现自身的潜能和价值创造了日益增进的可能性。

第二节　科学技术推动人类精神文明进步

在现代社会，科学技术作为第一生产力，能够极大地推动人类物质文明

---

① 《马克思恩格斯全集》第 23 卷，人民出版社 1972 年版，第 201 页。

② 同上书，第 560 页。

的发展，这一点已几乎没有人怀疑，但人们在看到科学的物质价值的同时，却往往有意或无意地忽视科学的精神价值。一谈到科学的功能或价值，一些人立刻就会想到“科学技术是第一生产力”这句家喻户晓的名言，但若问他们科学有什么精神价值时，他们往往会感到不解和迷茫，因为在他们的思想深处，科学能够、也只能与生产力画等号，难道它除了能提高我们的生活水平、改善我们的生存处境外，还能有别的什么作用？其实，对科学的这种纯工具主义的理解是不正确的。美国著名科学史家萨顿就曾经严厉批评过这种只看到科学的物质价值而忽视其精神价值的浅薄的见解。在他看来，科学的精神价值不仅一点不少于其物质价值，而且精神价值还是科学的生命。我们的社会若是忽视了科学的精神价值，其结果必将是毁灭科学的生命。确实，科学作为知识形态的人类活动的产物，本身就是人类文明的一部分（精神文明）。科学的发达程度不但为一个国家的经济发展奠定了基础，同时也是一个国家和民族精神文明发展水平的重要标志。对此，可以详述如下。

一、科学提升人类文明整体的水平

科学作为人类文明不可分割的一部分，其产生和发展为文明的整体发展作出了不可磨灭的贡献，提升了文明的整体水平，甚至改变了文明的形态。马克思指出：“自然科学是一切知识的基础。”[①]这句话是对近代以来的人类社会知识状况的恰如其分的描述。如果说，由于古代社会还没有真正意义上的科学，科学的各种价值还没有得到充分的体现的话，那么近现代社会则完全不同了。当近代社会的曙光在地平线上悄悄升起的时候，科学的黎明也一同出现了。在划破了中世纪的漫漫黑夜之后，“科学以神奇的力量一下子突然兴起”（恩格斯语）并迅速地发展起来，逐渐在社会生活中扮演着核心的角色，成为现代社会各种知识不可或缺的基础、所有知识形式效法的楷模。在今天，“科学”一词是使用频率最高的词汇之一，而且它除了作为名词使用外，还常常用作形容词（“科学的”），也就是说，作为评判事物的基本标准。在整个人类历史上，恐怕没有其他任何东西能够享有这样的殊荣。难怪有人惊呼：科学取代了上帝，科学是当代的宗教，这样，科学的进步就不仅

① 马克思：《机器、自然力和科学的应用》，自然科学史研究所译，人民出版社1978年版，第208页。

仅意味着人类对自然界认识的进步，自然科学就不仅仅简单地是关于“自然”的科学，它已经具有了社会的和文化的含义，这表现在它事实上为当代社会科学对社会的认识、当代思维科学对思维的认识以及所有的学科和领域对自身规律的认识提供了知识基础和科学方法，这些知识和方法正在越来越多地被其他学科所借鉴和采用，并取得了大量以前难以想象的成果，以至于在今天，是否能够有效地借鉴和采用自然科学的知识和方法已成为一个学科生存和发展的关键因素之一。就连作为最古老的学科之一的、历来高昂着“形而上”头颅的哲学，如今也要“屈尊”向科学“不耻下问”了。如果我们说科学是当代社会的宠儿，是现代文化的核心，近代文明整体水平的提升和形态的改变主要得益于科学，恐怕是不过分的。

二、科学与道德

科学的发展促进了人们道德观念的更新和新的道德规范的形成。

科学技术的发展引发了人类观念的变化，对于这一点人们一般不会有异议，但科学技术究竟是导致了人类道德观念的进步还是退化，却历来都是有所争议的。历史上有许多著名的思想家都主张科学技术的发展与道德进步相悖的观点。中国古代的哲学家老子认为：“为学日益，为道日损。”其继承者庄子干脆主张“绝圣弃智，大盗乃止”。后来的多数思想家和士大夫们更是蔑视科学技术，视之为奇技淫巧。西方也有类似的观点。法国近代思想家卢梭认为科学的产生是出于人类作恶的动机，因而“随着科学的光辉升起在地平线上，我们的道德便黯然失色了”①，他的看法和老庄可谓如出一辙。即使在科学技术被人们如众星捧月般尊崇的20世纪，也有人对之不以为然，甚至大加挞伐。著名的法兰克福学派最早系统地展开了对科学技术的“批判”。该学派认为，现代人的一切认识活动都为科学的各种规则和技术的专门化操作所支配，这就造成了当代文化和人的个性的毁灭，科学技术要为当代社会及其文化的堕落负很大的责任。法兰克福学派的后学哈贝马斯甚至认为科学技术是隐蔽的意识形态，是当代资本主义社会维持自己统治的工具。与对科学技术的这种悲观主义的看法相对立的是所谓乐观主义的观点，即认为科学技术的发展在促进整个社会进步的同时，也必然会导致道德的进步。

---

① ［法］卢梭：《论科学与艺术的复兴是否有助于使风俗日趋纯朴》，李平沤译，商务印书馆2011年版，第14页。

18 世纪的与卢梭同时期的那些法国唯物主义哲学家普遍持一种进步主义的立场，认为科学技术和文化越发达，物质财富越丰富，就越能够使个人的幸福得到实现，也越能够使个人利益和社会整体利益达到和谐，这就自然而然地导致了人们道德水平的提高。当代美国未来学家托夫勒同样乐观地宣称，只要保持资本主义制度不变，科学技术的发展一定会使公道原则、人道主义等道德规范得到实现。

从马克思主义的立场来看，上述观点无疑都是错误的，错误的根源在于它们都没有找到正确认识科学技术与道德关系的基点。在马克思主义看来，只有从社会的生产力与生产关系、经济基础与上层建筑的辩证关系着眼，才能正确把握科学技术与人类道德的关系。具体说来，这里的科学技术具有双重性质或身份：既可以作为生产力的一个基本因素或要素，也可以归于社会意识形式的范畴。作为生产力的一个要素，它无疑会对社会的经济状况起到相当大的作用，甚至可以说是决定性的作用。而根据历史唯物主义的观点，经济状况从总体上决定着人们的道德观念和行为规范。这样，科学技术必然会对人们的道德观念和道德行为产生重大的影响，这就是科学技术影响人类道德观念的具体机制。也就是说，科学技术一般不是直接作用于人们的道德观念和行为，而是通过经济状况间接地产生这种作用，而且，历史唯物主义还进一步认为："一切以往的道德归根到底都是当时的社会经济状况的产物。"①因此，从总体上说，只要不是对道德问题持一种保守、僵化的形而上学观点，我们将看到，人们的道德观念会随着社会经济的发展而进步，而在道德的这种进步中，显然有科学技术的重要贡献，对此持悲观主义的看法是没有道理的。况且，科学技术本身也是一种知识形态的东西，与道德同属社会意识形式的范畴，它们完全有可能相互影响、相互促进。比如，一个科学家要想取得重大的科学成就，就应该尊重客观事实，无私无畏地追求真理，宽容地对待与自己不同的意见和观点，这既是科学的基本精神，同时也是一个科学家必须遵循的道德规范（包括在科学活动之外）。当然，那种认为不用调整或改变社会制度、单纯通过科学技术就可以直接解决道德问题的观点，也是一种过分单纯和幼稚的理想主义的见解，在现实社会尤其是阶级社会中是行不通的。总的来说，马克思主义认为，科学技术是"最高意义上的革命力量"②，因而必然会从根本上推动道德的进步。这表现在以下两个

① 《马克思恩格斯选集》第 3 卷，人民出版社 1995 年版，第 134 页。

② 《马克思恩格斯全集》第 19 卷，人民出版社 1963 年版，第 372 页。

方面：

首先，科学技术通过转化为生产力使一个社会的经济和生活状况发生重大变化，而后者又会对生产关系和其他社会关系产生深刻的影响，从而导致新的道德观念和道德规范的形成，促进社会整体道德水平的提高。例如，在小农经济占统治地位的传统社会中，以人力和自然力为基础的低水平的劳动方式和“日出而作，日入而息”的慢节奏的生活方式，使人们养成了因循守旧、涣散懒惰的德行。而新的以近代科技为基础的现代机器大工业生产则蔑视这种所谓“知足常乐”的道德习惯，并把“时间就是效率”“时间就是金钱”视为新的道德准则。在这一准则的引导下，现代社会变成了一个历史上从未有过的高效率、快节奏，物质产品极大丰富、人们的生活水平日益提高的“富裕社会”。

其次，科学技术的发展以及传播和普及，使人们对自然、社会以及人自身的认识水平大大提高，这种全方位的认识水平的提高必然会扩大人们的道德视野，更新人们的道德观念。哥白尼的日心说、达尔文的生物进化论之所以远比其他科学理论产生的社会影响要大得多，原因就在于这两个学说都对当时在社会上占统治地位的古老的上帝创世说以及以此为基础的传统的道德观念造成了自有人类以来最强烈的冲击，从此以后，人的观念，人与上帝、人与自然的关系与过去截然不同了，传统社会终结了，近代社会由此而诞生。而在当代社会，随着生态学、生理学和医学等学科的出现和发展，人类的道德观念又悄悄地发生着变革，因为所有这些学科的成果都告诉我们，人类无论如何发展、如何伟大，终究是自然的产物，是我们赖以生存的大自然的一部分。我们没有理由去滥伐森林、去污染环境，如果我们这样做，那无异于竭泽而渔、自毁家园。相反，我们应该像爱护自己的母亲一样去保护我们的大地母亲。这样，道德的含义就不再局限于人与人的关系范围内，不仅人与人的关系归属于道德范畴，人与自然的关系也具有了道德的意蕴，这显然是人类道德观念的一个极为重大的变化。近二三十年来，伴随着试管婴儿、器官移植、安乐死技术、克隆技术的出现和应用，又引发了新的更加激烈的争论，人类多少年来形成的许多传统的道德观念正面临着空前的挑战。

三、科学与人类思维方式的变革

科学的发展导致了人类思维方式的变革。

思维方式是人类理性认识的形式、方法和程序，是人类精神文明整体中一个十分重要的组成部分，对精神文明的发展水平有极为重要的影响。与过去几千年相比，近几百年来，人类的思维方式发生了非常迅速而深刻的变化，而且这种变化还在加速。导致这种变化的因素固然很多，但科学无疑是其中最重要的因素之一。理解这一点并不困难。人们常常说，哲学是时代精神的精华，所谓时代精神当然包括科学的最新成就，所谓精华也自然是对包括科学在内的所有最新知识的吸收，这样，思维方式作为哲学范畴，必然受到其所属时代的科学状况的极大影响。恩格斯说过："随着自然科学领域中每一个划时代的发现，唯物主义必然要改变自己的形式。"①近代科学史表明，每当自然科学在理论和观念上有重大突破时，往往意味着人类的思维方式将发生重大的变化。反过来看，在人们的思维方式变化的背后，常常是科学的重大突破。

在近代科学诞生以前，上帝主宰世界的神学宇宙观统治着西方人的思维方式，很少有人会对此加以怀疑。而牛顿力学的创立不仅实现了自然科学的第一次大综合，极大地促进了自然科学的发展，而且否定了神学的宇宙观，造成了机械论观念在后来几个世纪的普遍流行，其影响至今不绝。机械论的宇宙观认为，我们所生活的世界（包括自然界和人类社会）是一部按照自然规律精巧地构成、有序地运转的巨大机器，这部世界机器中的每一个事物的运动变化都可以由其初始条件精确地加以确定，其中没有任何偶然性，一切都是必然的，因而一切都是可以认识和可以控制的，这里没有上帝的位置，一切都由铁的必然性来决定。无怪乎当拿破仑问大科学家拉普拉斯，为什么在他的理论体系中没有提到上帝时，拉普拉斯轻蔑地回答说，他不需要这样的假设。随着这种宇宙观的流行，追求秩序、尊重规律、合乎理性成为近几个世纪以来占主导地位的思想观念，决定论成了这一时代几乎不可动摇的哲学。

然而，历史进入20世纪以后，随着量子力学、系统论、耗散结构理论、混沌学和协同学等现代科学理论的产生，曾经在人类历史上起过十分重要的作用的机械决定论开始衰落了。人毕竟不是机器，人所拥有的思想、人所组成的社会不可能按照机械运动的规律来运行。即使是在被认为最遵循决定论规律的自然界，现代科学已证明，偶然性在其中所起的作用也远比我们过去所承认的要大得多。有时，偶然性并不是以往所认为的那样仅仅起次要、辅助的作用，而是扮演着一个决定性的角色。现代科学所展示的是一个远比牛

① 《马克思恩格斯选集》第4卷，人民出版社1995年版，第228页。

顿力学所展示的世界更丰富多彩和复杂的世界，机械论的思维方式在处理这个世界时已显得捉襟见肘、无能为力了。在这种情况下，机械论的思维方式必然被整体的、辩证的、系统的思维方式所取代。

四、科学与文化教育的发展

科学的发展推动着文化和教育事业的繁荣，促进了社会的民主意识的增长。

（一）科学的教育功能

科学技术的发展以教育的发展为基础和前提，然而反过来，科技的发展又给予教育的发展以巨大的推动。具体说来，科技的这种教育功能主要表现为以下两点：

首先，先进的科技成果被应用于教育领域，导致教育的内容、方式、手段和方法的更新。电视、录音录像、多媒体等先进的技术和设备引入教学过程，带来了教学手段和方法的革新。科学的迅速发展所产生的众多新学科，导致“知识爆炸”和信息量的增加，使科学教育在整个教育中所占的比重不断上升，传统教育逐渐向现代教育转化，同时也使教育内容的改革成为刻不容缓的一件事情。与此同时，过去那种单纯传授知识的灌输式、“填鸭式”的教育方式也变得不中用了，在这种情况下，努力培养学生的综合素质和各项技能显得尤为重要。

其次，在19世纪以前，科学、技术与生产基本上是分离的，而在当代社会，科学、技术与生产已经高度一体化，这使科学技术成为名副其实的第一生产力。在这一新的形势下，传统的教育理念和教育价值观正在悄悄地发生着变化。过去人们普遍认为，教育是纯知识性的事业，不带有任何功利性的色彩，因而教育投资是纯消费性的投资。而在今天，由于科技成为第一生产力，教育对经济的促进和拉动作用已经十分明显。例如，在美国这样的发达国家，教育对GDP增长的贡献已达1/3，在生产力的增长中，4/5可归功于与教育密切相关的生产方法、管理技术和员工素质的改进。这就使人们普遍认识到，对传授科技知识的教育的投资会产生巨大的经济效益，因而教育投资应该属于生产性投资。国家大计，根本在于教育，这样，无论是政府还是个人，整个社会对教育的热情有了空前的提高。

（二）科学技术对文化事业的推动

科学技术的发展对文化事业的推动作用也十分明显，这表现在以下几个方面：

首先，科学原理和技术成果被越来越多地应用于文化领域。先是几何学和光学被应用于绘画、声学被应用于音乐、印刷术振兴了出版业，后来又是化学、生物学和医学大大促进了卫生保健事业的发展，20 世纪科学技术的发展和应用则产生了全息摄影、电子音乐、卫星电视等大量新的艺术形式和娱乐形式，或使传统的文化事业现代化（如图书馆设备和管理的自动化、体育训练器材的电子化等），极大地促进了文化事业的发展。

其次，在当代文学艺术作品中，以科技为主题的作品（如科幻小说、科学家传记）占有相当的比例，这表明随着科技在整个社会中地位的上升，它已经成为文艺作品表现和反映的重要内容之一，这既促进了文艺的繁荣，也有利于传播和普及科技知识。

再次，科技的发展还使一些科学理论作为一种新的方法论被移植到文学艺术研究领域（如系统论、控制论和信息论在文艺研究中的应用），从而在该领域中产生新的成果甚至重大突破，或与文艺理论结合产生新的学科（如美学与科技的结合产生科技美学）。

最后，由于科技发达导致生产力的巨大进步，使人们的闲暇时间日益增多，文化水平也普遍提高，这就使文化事业已经不再像过去那样只是少数文化精英的专利，越来越多的普通民众成为文化的参与者和创造者，而不再是纯粹的欣赏者和消费者。这样就逐渐填平了过去那道横亘在文化精英和普通民众之间的难以逾越的鸿沟，极大地促进了文化的世俗化，为人类文化事业的更大发展奠定了广泛的群众基础。

第三节　科学技术促进社会结构的变革

在马克思主义的历史唯物主义看来，“历史过程中的决定性因素归根到底是现实生活的生产和再生产”①，而科学技术则是生产力中最活跃的、具

① 《马克思恩格斯选集》第 4 卷，人民出版社 1995 年版，第 477 页。

有革命性意义的因素，因此，科学技术的发展和进步最终必然造成生产关系和其他社会关系的深刻变革。对此，我们可以分别从历史和逻辑两个角度加以分析。

从历史的角度看，无论是十八九世纪的工业革命还是20世纪的新技术革命，都造成了社会经济结构的巨大变化。关于前者，马克思和恩格斯在他们的著作中有过详细的论述。可以把他们的观点概括如下：技术革命（以工具机为起点，带动了动力机和传动机构的发明）→工业革命（从棉纺织业开始，促进了化学、机械、机器制造、金属加工、交通运输等工业部门的兴起，形成了完整的工业体系）→生产关系革命（以阶级关系的变化为核心，诞生了无产阶级，确立了资产阶级的所有制关系）→上层建筑（近代资产阶级的国家、法律制度）和意识形态（以自由主义为核心的经济、政治、法律与伦理学说）。[①] 关于后者，当代的许多学者也做过不少探讨。相当一部分人的结论与100多年前的马克思和恩格斯是完全吻合的[②]：新技术革命（以计算机为起点，推动了一切生产工具的改进）→信息革命（从计算机工业和电子工业开始，带来了传统工业的改造，促进了新兴工业的诞生）→生产关系革命（以社会阶级结构的变动为核心，出现了一个新的中产阶级，改变了资产阶级所有制的形式）→上层建筑（现代资产阶级的国家、法律制度）和意识形态（以自由、民主、平等为核心的经济、政治与伦理学说）。

那么，科学技术为什么会导致社会结构发生如此巨大的变化呢？从逻辑的角度来看，其具体机制或原因如下。

一、科学技术促进了生产关系的变革

科技的进步持续不断地推动着社会生产力的发展，而根据历史唯物主义的原理，生产力的发展终将引起生产关系的变革，这是因为，科技对生产力的推动作用，最明显地体现在作为生产力重要因素的劳动资料上（马克思称劳动资料是科学技术的物化形式）。而在马克思看来劳动资料具有双重意义：一方面，它是人类劳动力发展的测量器，另一方面，它也是劳动借以进

---

① 黄顺基、黄天授、刘大椿主编：《科学技术哲学引论——科技革命时代的自然辩证法》，中国人民大学出版社1991年版，第416页。

② 同上书，第425页。

行的社会关系的指示器。因此，劳动资料可以作为区分经济时代的标志：从石器时代过渡到青铜器时代，标志着原始公社的解体和奴隶社会的兴起；铁器的出现和广泛应用，又导致奴隶制生产关系的灭亡和封建制生产关系的确立；而两百多年前机器体系的产生以强大的自然力取代了效率低下的人力，这最终让资本主义生产关系凭借其咄咄逼人的强大实力战胜了早已腐朽不堪、老态龙钟的封建主义。生产关系这一系列的变革，都是以劳动资料为先导的生产力的变革所导致的，而后者又是应用科学技术的结果。因此，科学技术最终促进了生产关系的变革。

二、科学技术促进了经济结构的更新

这一点从三个方面表现出来：

首先，科学技术在生产过程中的应用，在使传统生产部门的技术基础得到不断改造的同时，也在全新的技术基础上为新生产部门的创立和发展开辟了广阔的前景。这不仅提高了劳动生产率，促进了生产力的发展，而且使产品结构、劳动力结构以及资源和资金的配置得到更新，从而促使产业结构不断变革和逐渐提升。从农业社会到工业社会再到现在的后工业社会或信息社会，从以第一产业为主导的产业结构过渡到以第二产业为主导的产业结构再到以第三产业为主导的产业结构，科学技术的应用起了非常重要的作用，尤其是后一转变，没有科学技术是根本不可想象的（“科学技术是第一生产力”在后一转变中得到了最充分的体现）。

其次，科学技术通过改变生产过程中的劳动方式（劳动者通过劳动手段与劳动对象的结合方式）和协作方式（劳动者之间的结合方式）从而推动生产方式的进步。在18世纪，机器是“使一般生产方式发生革命的起点”[①]，因为它极大地改变了人们的劳动方式和协作方式，而它的发明和改进与自然科学的应用是分不开的。在后来发生的历次由产业革命所导致的生产方式的变革中，科学技术更是扮演了关键性的角色。

最后，科学技术不仅引起了生产领域的变革，而且还给社会经济的其他领域如流通、分配、消费带来了极大的变化。比如，科技的应用扩展了流通的渠道和方式，加快了流通的速度。像网上购物这一新的流通方式的出现，

---

① 马克思：《机器、自然力和科学的应用》，自然科学史研究所译，人民出版社1978年版，第200页。

使人们足不出户就可以实现商品交易。

三、科学技术促进了上层建筑的变革

从前面的论述可以看出，科学技术的进步和在生产过程中的应用导致了经济基础的变革，而在历史唯物主义看来，经济基础的变革必将导致上层建筑的变革，这样，科学技术的发展必然会给上层建筑带来重要而深刻的变化。这种变化不仅表现在意识形态方面（这点前文已有较详细的论述），而且表现在社会制度方面。就后者而言，又从两个方面表现出来：其一，科技的进步以及在社会生活中的崇高地位，使人们在设计和改革社会制度时，越来越多地受到科学知识、科学原理和科学精神的强烈影响，这样就有可能使社会制度变得越来越科学、越来越合理、越来越民主、越来越法治化。而法治的基本内核之一就是科学化。显而易见，现代社会之所以被人们看作一个法治化的社会，与科学的影响是分不开的。其二，科技的应用带来了生产力的巨大进步，而生产力的进步对巩固和发展一种新生的社会制度，对证明这种制度相对于被它所取替的那种制度的优越性，无疑是极为重要的。因为从根本上说，先进的社会制度之所以能够战胜落后的社会制度，就在于它所创造的更高的劳动生产率、更发达的生产力水平，而这一点又在越来越高的程度上取决于科学技术的发展水平。因此，社会主义制度要最终战胜资本主义制度，就必须大力发展生产力，大力发展科学技术。反过来，如果社会主义国家能够高度重视科学技术事业，积极地、充分地在生产过程中运用科学技术，那将使生产力获得迅速而巨大的发展，从而证明自己制度的优越性，最终战胜资本主义。

在充分地肯定科学技术的社会功能的同时，我们认为，还有必要指出两点：①马克思主义高度评价和赞扬科学技术的巨大社会作用，但绝不能将这种评价和赞扬与所谓“技术决定论”混为一谈。历史唯物主义不是技术决定论。②科学技术是一把双刃剑，它在发挥巨大社会作用的同时，也有可能由于各种原因而给社会造成某些危害。对此我们也应该有清醒的认识。

先谈第一点。众所周知，马克思主义的历史观是一种唯物史观（即历史唯物主义）。在这种观点看来，“生产以及随生产而来的产品交换是一切社会制度的基础”，因而一切社会变迁和政治变革的终极原因“应当在生产方式和交换方式的变更中去寻找”[①]，因为，“经济的前提和条件归根到底是决定性的”，“它构成一条贯穿始终的、唯一有助于理解的红线”。[②] 但唯物史观不能被等同为经济决定论，因为唯物史观在肯定经济对人类历史的决定作用的同时，又毫不含糊地承认上层建筑和各种意识形式在社会历史进程中的作用，认为“整个伟大的发展过程是在相互作用的形式中进行的”[③]。在各种意识形态中，唯物史观对科学技术的作用给予了高度的肯定和赞扬，认为科学技术是在历史上起推动作用的革命的力量，对社会发展来说，科学技术是“最高意义上的革命力量”[④]。但可能正是这个原因，使有些人误将唯物史观看成一种技术决定论（因为单从一个方面看，唯物史观显然是非常重视科学技术在社会历史发展中的作用的）。

技术决定论是伴随着现代科技革命的兴起而产生的一种强调技术在社会历史发展中的作用的理论，以埃吕尔、芒福德、贝尔等人为代表。这种观点认为，技术是社会历史的独立变量，它的发展是完全自主的，不依赖于其他外部条件，相反，它是社会历史发展的最终决定力量。整个社会的发展状况，包括该社会所属的社会形态、人们的精神状况和社会的发展方向都是由该社会所具有的技术水平决定的。在技术决定论者中，有些人以技术决定论的观点去否定唯物史观，认为由于在现代社会中“生产力（技术）取代了社会关系（财产）而成为财产的主要轴心”（贝尔语），因而唯物史观认为社会关系、财产关系是社会发展中的决定性关系的基本观点已经过时了。另一些人则表面看起来似乎相反，以唯物史观给予科学技术以特别的关注为由而将其等同于技术决定论。其实，这两种观点都犯了同一个错误，那就是没有对科学技术在社会历史中的作用给予恰如其分的评价，都把技术视为社会的一个独立变量，过分地夸大技术的独立性和自主性，从而离开社会关系尤其是经济关系去孤立地看待科学技术的社会作用。而在唯物史观看来，科学技术在社会历史进程中的作用无疑是巨大的，这一点我们绝不能低估。然而，科学技术的作用无论有多大，我们都不能忽略这种作用的发挥有一个重要的前提，那就是一定的社会经济关系的存在和它对科学技术的强有力的制约。也就是说，技术绝不是一个独立的变量，它不可能单独决定社会的发

---

① 《马克思恩格斯选集》第 3 卷，人民出版社 1995 年版，第 617、618 页。
② 《马克思恩格斯选集》第 4 卷，人民出版社 1995 年版，第 696、732 页。
③ 同上书，第 705 页。
④ 《马克思恩格斯全集》第 19 卷，人民出版社 2006 年版，第 372 页。

展，它必须与其他社会因素结合起来才能发挥作用，这一点与生产力对社会发展的决定性作用是不能同日而语的。而且，20 世纪的技术实践表明，同一种技术在不同的社会环境中可能具有完全不同的效应，这一事实也说明了社会在决定采纳和运用技术方面起着重要的、不可忽视的作用。其实，问题不难理解，技术既然是人的一种活动，它就不可避免地与人及其利益关系有关，不可避免地会受到人及其利益的左右，这正如再精巧的乐器也离不开音乐家的演奏一样。所以，技术决定论的观点是完全错误的，绝不能把唯物史观对技术作用的重视视为技术决定论。

再看第二点。对现代社会中科学技术的重要性，对科学技术给我们的社会所带来的诸多积极而有益的变化，特别是它给人们在物质生活上所带来的各种福利、享受和便利，今天已用不着再去辩论，因为这已经是一个不争的事实，几乎没有人会对此加以否认。但人们的这种“一致性”并不表明人们对科学的社会功能这个问题已有完全正确的认识。恰恰相反，在当代社会，由于科学技术所具有的别的东西所难以企及的作用，使一些人产生了一种“科技万能”的错觉，以为科学技术的发展能解决社会发展过程中所出现的一切问题。在这种情况下，科学技术所具有的先天的局限性、可能产生的负面效应就极易为人们所忽视，而这种忽视有可能给人们和社会带来许多不利的影响。所以，这里有必要对这个问题加以适当的探讨。我们认为，科学技术的局限性和可能具有的负面效应可归结为如下几个方面：

（1）科学技术在促进社会经济和物质文明发展的同时，也导致了许多严重而棘手的社会问题，如环境污染、生态平衡失调、能源危机、人口膨胀，人们日益沉溺于物质享受而轻视精神的追求，等等。虽然对此人们可以辩护说，这不能归咎于科技本身，而是人类自身的问题，有时候情况确实如此。但一概地这样看问题，既不符合实际情况，也缺乏辩证的态度。比如农药的使用，既能杀灭害虫，反过来也能危害农作物本身，还可能污染周围环境，此时我们还能只将好处归功于农药而单单把坏处归咎于人类吗？毕竟好处也好，坏处也罢，都是伴随着科技的发展和应用而来的。对科技的使用而言，利和弊常常是不可分割地联系在一起的。

（2）伴随着科学技术的发展，某些传统的但有价值的观念（如把追求真理看作科学的主要的甚至唯一的目标）受到冲击，人类精神生活中也出现了一些消极的现象。100 多年前马克思就发出过类似当年卢梭的道德感慨：“在我们这个时代，每一种事物好像都包含有自己的反面。……技术的胜利，似乎是以道德的败坏为代价换来的……”[①] 当然，马克思不是卢梭式的道德感伤主义者，他最终把技术的这种消极后果归咎于技术的资本主义运用，认为在消灭了不合理的资本主义制度、建立了崭新的社会主义制度后，科技一定既能最大限度地发挥其正面作用，同时又能消除它在资本主义条件下产生的不良后果。马克思的思想是深刻的，社会制度对科学技术的作用的发挥确实有极大的影响，但我们也必须看到，即使在先进的社会主义制度下，科技的应用也不可能完全做到只有利而无弊，因为并非所有的消极现象都与某种特定的不合理的制度有关，有些消极现象可能是所有社会形态普遍共有的。例如，事实表明，无论在资本主义制度下还是在社会主义制度下，由于生产过程的高度自动化，导致了人们工作的分散和独立，这虽然带来了工作的轻松和便利，也提高了效率，但由于相互之间缺乏交流，会使人变得孤独、寂寞，使人际关系变得疏远和紧张，工业社会的人际关系不如农业社会那么温情脉脉，显然与此有很大的关系。再比如，自古希腊时代以来，人们一直认为科学的目标是求真，任何有悖于这一崇高目标的追求都是违背科学的本质和基本精神的。但20世纪以来，尤其是近几十年来，随着科学的经济价值的凸显，科学的社会地位日升，整个社会越来越重视科学，许多国家把发展科学技术作为战略任务来抓。在这种情况下，不少人开始认为，当代“大科学”已与过去时代的“小科学”有了很大的不同，“大科学”的主要目标已不再仅仅是求真，致善即追求科学的实际应用和功利价值也应该是科学的目标，有人甚至说，当代科学的功利目标已经逐渐压倒和取代了求真的目标，科学再也不能像过去那样被称为求真的事业了。应该说，虽然不能简单地反对科学追求功利价值，但如果否认科学的基本目标是求真，将有可能给科学的健康发展造成严重的损害。20世纪以来，科学界屡出丑闻，与此不无关系。

（3）随着科学技术的发展，其社会地位日益提升。在当今人类文明中，科学已占据了最显赫的位置，成为当之无愧的“文化之王”，甚至可以说科学已成为裁判其他事物的基本标准，这从人们常常把“科学的”这一形容词放在某某理论或观点的前面（如说某一理论是“科学的”理论）就可以看出。科学地位的提高本身无疑是好事，但也可能带来负面影响，这就是：一方面，它实际上在一定程度上压制或排挤了文化的其他领域的发展，导致英国学者斯诺所说的科学文化与人文文化这两种文化之间的严重不平衡，而

---

① 《马克思恩格斯选集》第1卷，人民出版社1995年版，第775页。

这种不平衡不仅违背了文化的“生态原理”，不利于文化的全面繁荣，而且会戕害处于这种文化状况下的人们的精神生活。这一点今天已经越来越明显，以致越来越多的有识之士大声呼吁促进两种文化的融合与统一，极端人士甚至认为应当限制科学的发展以使两种文化保持平衡。另一方面，科学地位的上升，使人们自觉不自觉地把科学作为判断任何事物的标准，甚至是绝对的标准，这样做固然有其相当的理由，但也容易导致一种“科学独断主义”，即不问具体情况，完全以科学的是非为是非，随意地给事物贴上“科学”“不科学”“非科学”“反科学”“伪科学”等标签，这样做容易扼杀那些目前看起来显得弱小但实际上很有前途的新兴学科，而对传统文化中那些有生命力的成分如果以所谓“科学”的名义武断地加以指责，也是“不科学”的。

问题讨论

科学技术究竟是“天使”还是“魔鬼”①

在我国，人们对科学技术的一般看法和态度比较普遍和集中地表现在对“科学技术是天使还是魔鬼”这一问题的回答上。不同的答案，表明了人们对科学技术为什么会产生某种效应以及产生了怎样的效应的不同理解，由此将会进一步导致人们运用不同的方式去发展和应用科学技术，产生相应的科学认识成果以及对自然和社会的影响结果。鉴于此，有必要对各种相关断言及其根据进行分析，从而获得更加全面和正确的认识，以更好地发展和应用科学技术。

一、科学技术是天使而不是魔鬼吗

许多人对此持肯定态度，其主要理由是：①科学技术本身并没有过错，如果其应用造成了某种负面效应，那也是人们对其滥用的结果，而不能归罪于科技本身；②不可否认，科技的确造成了一定的负效应，但更应该看到它所带来的正效应远远大于负效应，因此，发展和应用科学技术是值得的；③随着社会和科技的进步，人们完全能够避免其“魔鬼”的一面，所以科技终归还是“天使”。

仔细分析起来，其存在的问题主要是：①貌似有理，实际上是站不住脚

① 选自《科学技术是“天使”还是“魔鬼”?》，http://wmv. docin. com/p－1817773456. html。

的，因为科技与其应用常常是很难分开的。而且，这种观点把问题完全归咎于人而免除了科技本身的责任，也缺乏充分的说服力，这就像我们固然可以认为武器能杀人的根本原因的确在人，但也不能说武器对人的死亡（至少是杀人的效率）完全没有一点“责任”。②试图通过比较科技的正负效应以便决定取舍，但问题在于，这种比较及取舍很难客观地进行。③着眼于科技的未来，即用未来为现在辩护，给人一种“不靠谱”的感觉，并没有多少事实和理论根据，也不足为训。

有人把科学与技术分开，认为科学与技术是有区别的：科学求知，技术求利；科学是对自然的认识，技术是对自然的改造；科学不能直接物化，不会对人类生存产生直接的不利影响，只有技术应用才会引起直接的不良后果。总之，负效应是技术而不是科学产生的，不能将技术应用的负面后果归结到科学头上。

不可否认，科学与技术是有所不同的，我们不应该将其简单地混为一谈。但这并不表明科学与技术一点关系也没有，并不意味着我们通常所说的那些负效应只应由技术负责，与科学没有一点关系。

16 世纪以前，技术常常源于一些偶然的经验发现，与科学的理论研究成果很少有什么关系，直到 18 世纪末工业革命兴起初期，科学获益于工业的远多于它当时所能给予工业的。然而，19 世纪中叶以后，情况发生了很大的变化，科学开始走在技术的前面，重大的科学突破往往引起新的技术革命，成为技术和生产的源泉和基础，这使人们认识到，作为“为了认识而认识”的科学能够应用于改造自然，从而创造出巨大的社会价值。从电磁理论到电力革命，从粒子物理学、质能方程到核能的应用等，都充分地说明了这一点。所以，在当代社会，我们一定程度上可以这么说，科学是技术所以可能的内在根据，技术是科学受到社会重视从而持续发展的外在条件。就此而言，科学类似于受精卵，技术就是孕育受精卵的子宫，我们的社会则类似于母体环境。没有科学认识，很多技术创新都是不可能的，很多物质新产品的生产和使用也不可能实现，从而由这些新产品的使用过程所带来的正负效应也就不会产生。因此，我们很难说负效应仅仅是由技术产生的，与科学无关。试想，如果没有核物理学的发展，哪会有原子弹的诞生？从而怎么会使人类面临“核冬天”的威胁？如果没有化学的发展，就不会有化学工业的诞生，又怎么会有化学污染的出现？如果没有生物科学的发展，就没有转基因生物的出现，又怎么会有转基因生物的环境风险和健康风险？……看来，是科学使得这种正负效应成为可能，而技术则使这种可能变为现实，两者缺一不可。那种认为“科学没有过错，过错在技术”的观点是肤浅的因而也是不正确的。

二、科学技术既不是天使也不是魔鬼吗

有些人对此持肯定态度，他们的理由是：科学认识本身无所谓善恶，只有真伪、对错之分，不带任何主观感情色彩，只是人们使用的工具。如果运用科学的人是天使的话，那么他就会用科学造福于人类，科学就成为天使；如果运用科学的人是魔鬼，那么他就将科学造祸于人类，科学就成为魔鬼。如此一来，科学本身就既不是天使也不是魔鬼，它之所以以天使或魔鬼的面目出现，根源在于人类，是人类的异化导致科学应用的异化，真正的天使或魔鬼应该是人。

上述观点有一定道理。爱因斯坦就说：“科学是一种强有力的工具。怎样用它，究竟是给人带来幸福还是带来灾难，全取决于人自己，而不取决于工具。刀子在人类生活中是有用的，但它也能用来杀人。”① 居里夫人说过，科学无罪，罪在于滥用科学。马克思也认为，科技异化的根源并不在于科技本身，而在于科技的资本主义应用。考察科学的实际应用，如核能既可以用来造原子弹，也可以用来发电；原子弹既可以用来进行非正义的战争，也可以用来保家卫国；等等，就比较充分地说明了这一点。

但是，如果深入分析，将会发现这种观点是片面的。在很多时候，人们抱着善的目的去应用科学，也会产生恶的结果。如历史上的许多环境问题在显现之前，人们是不知道会产生这样的问题的，这类环境问题是人们在理性利用科学发展生产的过程中产生的，不是人们滥用科学或者利用科学破坏环境的结果。这种情况是如何发生的呢？进一步的研究表明，这是有其内在原因的：本体论上，近现代科学是在对自然进行祛魅的基础上进行的，如此就使得自然失去了目的和内在价值而只具有工具价值，没有资格获得道德关怀，被看作纯粹的客体世界，只能根据人类的需要来加以利用和改造，从而成了一个任人操纵、处理、统治的对象。这从实践和价值两方面造成了人与自然的对抗；认识论上，科学哲学、科学社会学、后现代主义等的研究表明，科学不具有绝对的真理性，只具有相对的真理性，也就是说存在不正确的地方，将这种带有不正确认识的科学应用于改造自然时，造成环境破坏也就是情理之中的事情了；方法论上，近现代科学主要是以机械简单的自然观

① ［美］爱因斯坦：《爱因斯坦文集》第3卷，许良英等编译，商务印书馆1979年版，第94页。

作为基础的，但当代科学表明，复杂性才是自然界真正的本质。如此，当将经典科学的方法运用到具有复杂性的自然界中时，只能导致对自然的不完整认识：自然只是一个可以由实验方法加以解剖的、由数学加以计算和由技术加以操纵的、没有任何深刻本质的东西。而按照这样的认识去改造具有有机整体性的自然界时，很可能会与自然界系统的、全面的、立体的规律相违背，从而造成生态环境的破坏。双对氯苯基三氯乙烷（DDT）的使用所造成的环境破坏的过程就说明了这一点。不仅如此，通过深入的分析可以发现，科学在很多时候是对实验室中构建出来的人工世界规律的认识，而不是对外在自然规律的认识，将这样的认识应用于改造外在自然时，也很可能会造成环境破坏。

这就是说，科学应用之所以造成环境问题，并不单纯是由人类不恰当地利用科学或带着恶的目的应用科学引起的，而且与科学自身的欠缺紧密相关。如果人们没有意识到科学的这种欠缺，即使抱着善的目的去应用科学，也很可能会产生负效应，使科学成为魔鬼。这就启发我们，科学要想成为天使应该具备两个条件：一是运用科学的人是天使，他会将科学运用于造福人类；二是科学具有造福人类、成为天使的本质特征。否则，即使运用科学的人是天使，也不能保证科学应用能够造福于人类。

相应地，如果人们抱着恶的目的或理念如种族主义、大国沙文主义和恐怖主义等，去进行科学认识和应用，一般来说就会造成恶的结果。不过，我们应该清楚的是，这种恶的结果也并非只与人类有关而与科学无关。试想，如果没有核物理学的发展，没有质能方程式的建立，人类能够造出原子弹来吗？原子弹能够被某些坏人利用来残害人类吗？正是有关核物理学的知识使人类能够打开原子弹这个“潘多拉魔盒”。如此，有关核物理学的理论以及质能方程式虽然是一种正确的理论，但不是一种好的、安全的、完备的理论，一定程度上不利于维护人类的安全和生态环境。从这一角度考虑，有些人就把核物理学看作一个像魔鬼一样的东西。这也启发我们，即使某一个科学认识是正确的，也不能完全保证它的应用就不产生负效应，要想使其应用不产生负效应，它还必须是完备的，符合安全性标准、伦理道德标准、环境标准以及可持续发展标准等。

因此，科学有其自身成为魔鬼或天使的特征，这一点体现在其认识特征上。那种将科学认识与应用、科学事实与科学价值分离开来，从而认为科学既不是天使也不是魔鬼的观点也是难以说服人的。

三、科学技术既是天使也是魔鬼吗

现实中有很多人对此给予肯定回答，他们的理由是：科学是一把双刃剑，既可造福于人类，又可危害人类。表面看来，这种观点比较全面，而且好像也与现实情况相符。但是，如果我们从历史的角度考虑，则存在很大的问题。在中世纪晚期之前，科学可以说是处于萌芽状态，正负效应都比较小，对当时的人们来说，它就既不是天使也不是魔鬼。在中世纪晚期，一种新的不同于亚里士多德的科学在与宗教的斗争中向前发展，如哥白尼的日心说、维萨留斯的人体结构理论、伽利略的物理学等，这些科学理论与宗教教义相违背，因而被教会视为洪水猛兽，这样，对笃信宗教的人来说，科学成了魔鬼。16—18 世纪，近代科学革命得以发生并完成。在这段时间，科学总的来说走在技术的后面，科学的社会应用特别是在工业生产上的应用还没有得到充分的体现，科学的物质价值以及在创造物质价值的过程中所产生的正负效应都比较小，但是，科学对人们的启蒙作用是非常大的，虽然少数人对科学有所非议，但是，总的来说科学的负效应并不大甚至没有出现，呈现出来的更多的是天使的一面。自 19 世纪至今，一方面，科学走在技术的前面，得到了广泛的社会应用，科学的正面效应逐渐呈现并扩大，给人类创造了巨大的福利，此时相当多的人已经把科学看作拯救人类的天使了；另一方面，科学所产生的负效应也在逐渐呈现并扩大开来，两次世界大战的爆发、环境问题的出现等使人们意识到，如果不对科学以及科学所产生的负效应加以考察并限制，科学很可能会成为践害人类的魔鬼。当然，从现在的角度考虑，一些人有将科学看作魔鬼的倾向，但是，科学的巨大负效应可以说还没有出现，大多数人还是把科学视为天使的。从未来的角度看，科学肯定会带来更大的正效应，这一般不会有疑问，至于是否会带来更大的，甚至是巨大的负效应，则存在不同的看法。如果科学的应用不产生巨大的负效应，则科学肯定就是天使了；如果科学在产生巨大正效应的同时，也产生了巨大的负效应，但是，人类能够解决科学带来的负效应，且解决这一负效应的代价较小，则科学对于人类来说呈现得更多的是天使的一面。否则，则科学更多地呈现出魔鬼的一面。由此可见，科学是天使还是魔鬼，不单纯与科学应用是否产生了巨大的正负效应有关，还与人类能否解决这样的负效应以及解决这种负效应的代价有关。

一句话，历史的经验、现实的表现以及未来的展望表明，科学既是天使也是魔鬼的观点是站不住脚的。

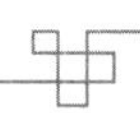

四、科学技术是魔鬼不是天使吗

科学是魔鬼不是天使，这一断言在什么样的情况下才是可能的呢？一是科学所产生的正效应小、负效应大，这时即使其所产生的负效应可以解决，则科学仍有可能被看作魔鬼。不过，从科学发展以及应用的历史和未来看，这种情况并不存在。二是科学产生的正效应大、负效应也大，而且这样的负效应不能解决或者解决起来非常困难，代价很大，此时我们可能更多地把科学看作魔鬼了。科技悲观论者是这方面的典型代表。

除此之外，20 世纪下半叶，在西方学术界出现的一股时髦的反科学思潮，也具有把科学看作魔鬼的倾向，其具体内涵表现在激进的后现代主义、“强纲领”科学知识社会学、后殖民主义科学观、多元文化论、地域性科学、种族科学、极端的环境主义者以及某些女性主义科学观等的有关论述中。综合他们的观点，其基本思想为：科学知识是社会建构的，与自然无关，是科学共同体内部成员之间相互谈判和妥协的结果；科学与真理没有关系，所有知识体系在认识论上与现代科学同样有效，非正统的“认知形式”应当给予与科学同样的地位；科学是一个与其他文化形态一样的、没有特殊优先性的东西；西方科学的出现与西方男性统治、种族主义和帝国主义有着紧密的联系……

如果科学确实如他们所说的那样，那就真的成了魔鬼。试想，如果科学真的像他们所认为的那样，获得的不是对自然的正确认识，那么科学应用将会导致什么样的结果呢？只能是，科学越发展，对自然的错误认识越多，对自然的改造能力越大，这样科学对自然的破坏作用就越大，人类受到的威胁就越大。如果事实真是这样，对人类来说，科学就是一个魔鬼。也许正因为如此，否定科学真理性的人们一般会走向科技悲观论、生态悲观论，认为科技是造成环境问题的罪魁祸首，科技的进步非但不能解决环境问题，而且还会带来新的更严重的问题。要解决环境问题，唯一的出路就是彻底否定和抛弃科技，停止科技的法治和应用，甚至主张人类应该回到前工业社会中去。如果理智地看问题，这种态度显然是不可取的，因为它会导致相对主义，导致反科学，不利于科技发展、环境保护和社会进步。

五、简短的结论

通过前面的论述，可以看出，科学认识以及应用之所以会造成正负效应，不仅与人们应用科学达到什么目的有关，而且还与科学认识自身的特征——正确性与错误性、自然性与人工性、全面性与局限性、安全性与危险性等——有关。如果科学认识是正确的、完备的，抱着善的目的去应用科学，一般会得到善的结果，抱着恶的目的去应用科学，一般会得到恶的结果；如果科学认识是不正确的、不完备的，即使抱着至善的目的去应用科学，也将会达至恶的结果。就此而言，那种认为“科学只是人们使用的工具，其所产生的正负效应取决于人们使用它的目的”的观点是错误的，科学有其自身成为天使和魔鬼的内在品质。这也启发我们，如果人类不改变自身，优化我们的社会，校正科学技术发展的方向，谨慎地加以应用，科技最终有可能成为危害人类的魔鬼。

不仅如此，评价科技是天使还是魔鬼，应该从历时性和共时性两个方面进行。从历史的角度看，科技更多地扮演着天使的角色；从目前看，其天使的一面表现得比较充分，魔鬼的一面还没有充分表现出来；从未来看，科技既可能是天使也可能是魔鬼，关键是看它所产生的负效应能否解决或在什么程度上解决。那种从科技既产生正效应也产生负效应，就得出科技既是天使也是魔鬼的结论；那种从科技的进步及其给社会带来的益处，得出科技是天使，而从科技应用所带来的一些恶果，又得出科技是魔鬼的结论；那种认为科技在应用之前是天使，在应用之后产生负效应因而是魔鬼；等等，这些观点都是站不住脚的。